メディア学大系

3

コンテンツクリエーション
（改訂版）

三上　浩司
戀津　　魁
近藤　邦雄
茂木　龍太
兼松　祥央
共著

▼

コロナ社

「メディア学大系」刊行に寄せて

　ラテン語の"メディア（中間・仲立ち）"という言葉は，16世紀後期の社会で使われ始め，20世紀前期には人間のコミュニケーションを助ける新聞・雑誌・ラジオ・テレビが代表する"マスメディア"を意味するようになった。また，20世紀後期の情報通信技術の著しい発展によってメディアは社会変革の原動力に不可欠な存在までに押し上げられた。著名なメディア論者マーシャル・マクルーハンは彼の著書『メディア論—人間の拡張の諸相』（栗原・河本訳，みすず書房，1987年）のなかで，"メディアは人間の外部環境のすべてで，人間拡張の技術であり，われわれのすみからすみまで変えてしまう。人類の歴史はメディアの交替の歴史ともいえ，メディアの作用に関する知識なしには，社会と文化の変動を理解することはできない"と示唆している。

　このように未来社会におけるメディアの発展とその重要な役割は多くの学者が指摘するところであるが，大学教育の対象としての「メディア学」の体系化は進んでいない。東京工科大学は理工系の大学であるが，その特色を活かしてメディア学の一端を学部レベルで教育・研究する学部を創設することを検討し，1999年4月世に先駆けて「メディア学部」を開設した。ここでいう，メディアとは「人間の意思や感情の創出・表現・認識・知覚・理解・記憶・伝達・利用といった人間の知的コミュニケーションの基本的な機能を支援し，助長する媒体あるいは手段」と広義にとらえている。このような多様かつ進化する高度な学術対象を取り扱うためには，従来の個別学問だけで対応することは困難で，諸学問横断的なアプローチが必須と考え，学部内に専門的な科目群（コア）を設けた。その一つ目はメディアの高度な機能と未来のメディアを開拓するための工学的な領域「メディア技術コア」，二つ目は意思・感情の豊かな表現力と秘められた発想力の発掘を目指す芸術学的な領域「メディア表現コ

ア」，三つ目は新しい社会メディアシステムの開発ならびに健全で快適な社会の創造に寄与する人文社会学的な領域「メディア環境コア」である。

「文・理・芸」融合のメディア学部は創立から13年の間，メディア学の体系化に試行錯誤の連続であったが，その経験を通して，メディア学は21世紀の学術・産業・社会・生活のあらゆる面に計り知れない大きなインパクトを与え，学問分野でも重要な位置を占めることを知った。また，メディアに関する学術的な基礎を確立する見通しもつき，歴年の願いであった「メディア学大系」の教科書シリーズ全10巻を刊行することになった。

2016年，メディア学の普及と進歩は目覚ましく，「メディア学大系」もさらに増強が必要になった。この度，視聴覚情報の新たな取り扱いの進歩に対応するため，さらに5巻を刊行することにした。

2017年に至り，メディアの高度化に伴い，それを支える基礎学問の充実が必要になった。そこで，数学，物理，アルゴリズム，データ解析の分野において，メディア学全体の基礎となる教科書4巻を刊行することにした。メディア学に直結した視点で執筆し，理解しやすいように心がけている。また，発展を続けるメディア分野に対応するため，さらに「メディア学大系」を充実させることを計画している。

この「メディア学大系」の教科書シリーズは，特にメディア技術・メディア芸術・メディア環境に興味をもつ学生には基礎的な教科書になり，メディアエキスパートを志す諸氏には本格的なメディア学への橋渡しの役割を果たすと確信している。この教科書シリーズを通して「メディア学」という新しい学問の台頭を感じとっていただければ幸いである。

2020年1月

東京工科大学
　メディア学部　初代学部長
　前学長

相磯秀夫

「メディア学大系」の使い方

　メディア学は，工学・社会科学・芸術などの幅広い分野を包摂する学問である。これらの分野を，情報技術を用いた人から人への情報伝達という観点で横断的に捉えることで，メディア学という学問の独自性が生まれる。「メディア学大系」では，こうしたメディア学の視座を保ちつつ，各分野の特徴に応じた分冊を提供している。

　第1巻『改訂メディア学入門』では，技術・表現・環境という言葉で表されるメディアの特徴から，メディア学の全体像を概観し，さらなる学びへの道筋を示している。

　第2巻『CGとゲームの技術』，第3巻『コンテンツクリエーション（改訂版)』は，ゲームやアニメ，CGなどのコンテンツの創作分野に関連した内容となっている。

　第4巻『マルチモーダルインタラクション』，第5巻『人とコンピュータの関わり』は，インタラクティブな情報伝達の仕組みを扱う分野である。

　第6巻『教育メディア』，第7巻『コミュニティメディア』は，社会におけるメディアの役割と，その活用方法について解説している。

　第8巻『ICTビジネス』，第9巻『ミュージックメディア』は，産業におけるメディア活用に着目し，経済的な視点も加えたメディア論である。

　第10巻『メディアICT（改訂版)』は，ここまでに紹介した各分野を扱う際に必要となるICT技術を整理し，情報科学とネットワークに関する基本的なリテラシーを身に付けるための内容を網羅している。

　第2期の第11巻〜第15巻は，メディア学で扱う情報伝達手段の中でも，視聴覚に関わるものに重点を置き，さらに具体的な内容に踏み込んで書かれている。

　第11巻『CGによるシミュレーションと可視化』，第12巻『CG数理の基礎』

では，視覚メディアとしてのコンピュータグラフィックスについて，より詳しく学ぶことができる。

第13巻『音声音響インタフェース実践』は，聴覚メディアとしての音の処理技術について，応用にまで踏み込んだ内容となっている。

第14巻『クリエイターのための 映像表現技法』，第15巻『視聴覚メディア』では，視覚と聴覚とを統合的に扱いながら，効果的な情報伝達についての解説を行う。

第3期の第16巻～第19巻は，メディア学を学ぶうえでの道具となる学問について，必要十分な内容をまとめている。

第16巻『メディアのための数学』，第17巻『メディアのための物理』は，文系の学生でもこれだけは知っておいて欲しいという内容を整理したものである。

第18巻『メディアのためのアルゴリズム』，第19巻『メディアのためのデータ解析』では，情報工学の基本的な内容を，メディア学での活用という観点で解説する。

各巻の構成内容は，大学における講義2単位に相当する学習を想定して書かれている。各章の内容を身に付けた後には，演習問題を通じて学修成果を確認し，参考文献を活用してさらに高度な内容の学習へと進んでもらいたい。

メディア学の分野は日進月歩で，毎日のように新しい技術が話題となっている。しかし，それらの技術が長年の学問的蓄積のうえに成立しているということも忘れてはいけない。「メディア学大系」では，そうした蓄積を丁寧に描きながら，最新の成果も取り込んでいくことを目指している。そのため，各分野の基礎的内容についての教育経験を持ち，なおかつ最新の技術動向についても把握している第一線の執筆者を選び，執筆をお願いした。本シリーズが，メディア学を志す人たちにとっての学びの出発点となることを期待するものである。

2023年1月

柿本正憲

大淵康成

まえがき

　本書は，映像コンテンツの制作工程，シナリオやキャラクター制作の工学的な考え方や技術を学ぼうとする学生を対象としたコンテンツ制作技術の教科書である。

　アニメやゲームなどのコンテンツは日本文化の一端を担っており，国際的な競争力も高く，多くの国から注目を集める分野である。欧米を代表とする諸外国では，アニメーションやゲーム，映画などのコンテンツを専門とする大学が多く存在している。一方で，日本は制作現場での実務による習得や現場の経験が重視され，これまで体系的な高等教育がなく，専門学校等における実務教育が中心であった。筆者らは1999年メディア学部設立時から，工科系大学を基盤とする高度なコンテンツ制作技術の教育と研究開発に取り組んできた。従来は，一部の芸術系大学のなかで，対象とされてきたコンテンツ教育において工学的な知識の再構築を行い体系化することによって，産業界からも注目を集めるコンテンツ制作教育手法を確立してきた。

　この研究教育を実践するなかで，大学内にアニメやゲームなどの制作プロダクション体制を整備し，この制作環境を活用し学生をプロジェクトベースで教育することによって，産業界が必要とするディジタル映像制作のための人材を育成してきた。これらの人材はクリエイティブな制作経験を積むと同時に高度な情報技術を身に付けることができるため，産学連携のプロジェクトが数多く生まれ，それら学術界のみならず産業界で高く評価されている。

　アニメの分野では，コンピュータや3D-CGの導入に伴う制作工程の変化に際し，従来からの技術をディジタル技術に発展的に移行するために，著者のひとりである三上らがアニメーション制作会社と連携して，制作工程の詳細な調査とその体系化を行った。これらの成果は「プロフェッショナルのためのデジ

タルアニメマニュアル」として，業界団体を通じて，アニメーション制作会社や映像制作会社などに配布され，日本のアニメ制作を最も詳細に記した書籍として評価されている。

　また，筆者らは映像作品の工学的な分析に基づく「シナリオの執筆・評価手法」や「キャラクターメイキング・評価手法」，「ミザンセーヌ手法（演出手法）」など，勘と経験による制作手法を体系化する研究と教育を行ってきた。これらの成果をもとに，映像コンテンツ制作にかかわる最大の業界団体である映像産業振興機構（VIPO）や画像情報教育振興協会（CG-ARTS 協会）と連携して人材育成セミナーを実施し，きわめて高い評価を得ている。

　さらに，この成果をもとに，文・理・芸融合の学部であったメディア学部の特徴を活かし，芸術作品ではなく，産業界における商品たるコンテンツをより早く，安全に，高品質に生み出すことを教育の柱とした。そのためには，コンテンツの制作技能の習得とディジタル映像の原理や技術の理解の双方が必要になった。そこで1年次から CG アニメやゲームなどの開発に参加できるカリキュラムを活用し，独自の教材や制作システムを開発して，制作とそれを支える技術の双方を関連付けて学べる仕組みを生み出した。これにより，単に既存のソフトを使用して映像制作をするのではなく，その仕組みや原理を理解することができるような教育内容を構築した。

　工科系大学における高度コンテンツ教育は，プロフェッショナルと同じ環境を用いた制作の経験を土台に，制作技術をさらに高度化させるための開発力を身に付ける教育である。そのために「プロフェッショナルのものづくりと高度な工学教育を両立させた取り組み」を，未来のコンテンツ制作人材を生み出す優位性の高い教育カリキュラムに展開してきた。この教育成果は，「アニメやゲームなどのコンテンツ制作分野における実学的工学教育の創生と高度化」というテーマで，関東工学教育協会賞（業績賞）の受賞という高い評価を得ている。

　このような先端的でユニークな教育・研究の成果をもとに，本書をつぎのように構成した。

　1章ではコンテンツクリエーションと産業，コンテンツにかかわるスタッフ

とキャリアパス，およびクリエーションにかかわるリソースについて述べ，市場や資金，費用などのプロデュースの視点から考え方を述べる。

　2章では，コンテンツの制作工程について述べる。特にディジタル化によって進化するパイプラインについて焦点を当てて述べる。さらに，プレプロダクション段階における企画，シナリオ，デザイン，ミザンセーヌ，そして，プロダクション，ポストプロダクション段階について述べる。

　3章では，シナリオライティングの手法とシナリオ制作支援システムについて解説し，シナリオ制作の実際について述べる。

　4章では，ストーリーやキャラクターの行動，性格設定などのリテラル資料の作成やキャラクター原案の制作などを考慮したディジタルキャラクターメイキング手法，DREAM プロセスによるキャラクターメイキング支援システムについて解説し，キャラクターメイキングの実際について述べる。

　本書は，コンテンツ制作工程やシナリオ執筆の教育を行っている三上が1〜3章を，コンピュータグラフィックスを応用したキャラクターメイキングの教育を行っている近藤が4章を分担執筆した。

　本書をまとめるにあたって，本書の基盤となるコンテンツ工学を提唱した金子満先生，東京工科大学クリエイティブラボのスタッフの伊藤彰教氏，川島基展氏，岡本直樹氏，中村陽介氏，松島渉氏，早川大地氏，茂木龍太氏，菅野大介氏，兼松祥央氏，戀津魁氏，土田隆裕氏，下田美由紀氏にたいへんお世話になった。深く感謝する。

　また，コンテンツ制作技術に関係する研究を一緒に行った東京工科大学大学院メディアサイエンス専攻の大学院生，ならびにメディア学部のコンテンツプロデューシングプロジェクトおよびコンテンツプロダクションテクノロジープロジェクトの卒業研究生に感謝する。

2014 年 8 月

近藤邦雄

三上浩司

改訂版の発行に寄せて

『コンテンツクリエーション』初版第 1 刷の出版から 8 年が経ち，コンテンツクリエーションにおけるシナリオ，キャラクター，演出の研究を行っている戀津魁，茂木龍太，兼松祥央を共著者に迎え，研究の進捗を取り入れた改訂版を発行することになった。

本改訂のおもな内容は以下の通りである。1 章では産業界の発展による最新の情報を追加し，3 章ではシナリオエンジンの使い方に加え，その仕組みなどを解説した。また，初版の第 4 章を分割し，改訂版では 4 章キャラクターメイキング，5 章キャラクターデザイン，6 章演出・ミザンセーヌとした。

4 章ではキャラクターメイキングに関する教育経験をもとに，DREAM プロセスに基づいたテンプレートを利用した実例を新たにした。5 章では DREAM プロセスにおけるビジュアル化のための手法とデザイン支援システムを解説，6 章では演出のためのライティングやカメラワークの支援システムについて解説した。

また，改訂版ではコンテンツクリエーションのための支援システムの説明を加えるとともに，支援システムやテンプレートを公開してコンテンツクリエーションの演習を実施しやすくした。本書をもとにした制作体験を通じて，コンテンツ制作の基礎を習得できることを狙っている。

2023 年 1 月

著者一同

注 1） 本文中に記載している会社，製品名は，それぞれ各社の商標または登録商標です。本書では ® や TM は省略しています。

注 2） 本書に記載の情報，ソフトウェア，URL は 2023 年 1 月現在のものを記載しています。

注 3） 3 章で紹介しているシナリオエンジンは，Web アプリケーションとして公開しています。https://contents-lab.net/scenario/

注 4） 本書で紹介しているシステムやテンプレート，その他の補足情報はコロナ社の Web サイト（https://www.coronasha.co.jp/np/isbn/978433907990/）からダウンロードできます。

目　　次

3章　シナリオライティング

4章　キャラクターメイキング

5章　キャラクターデザイン

6章　演出・ミザンセーヌ

1章 コンテンツクリエーションと産業

◆ **本章のテーマ**

　本章ではコンテンツ制作のクリエイティブな部分と産業としてのビジネスの部分の二つの切り口をもって述べる。コンテンツクリエーションを持続的にしていくためには，制作するスキルだけでなくコンテンツ全体を理解し，プロデュースする能力は必須である[1], †。

　具体的に映像コンテンツ制作にかかわるスタッフの役割やそのために必要なスキルやキャリアパスなどについて解説する。また，コンテンツ産業の全体像を把握するべく，産業構造やマーケット，制作費用，資金調達の方法について解説する。映像コンテンツ制作は特化した能力が集結して成立する。本章を理解することで，映像制作全体を把握し，自身の特化した能力と全体のコンテンツとの位置付けを俯瞰することができる。また，クリエイターではなくとも制作全体を知ることで，マネージメントするための知識を得ることができる。

◆ **本章の構成（キーワード）**

1.1　コンテンツクリエーションの導入
　　　コンテンツの分類，リニアコンテンツ，インタラクティブコンテンツ，
　　　ライブ・舞台，実写，CG，アニメーション，ゲーム
1.2　コンテンツにかかわるスタッフとキャリアパス
　　　プロデューサー，ディレクター，制作進行，モデラー，アニメーター
　　　（動画），3D アニメーター，プログラマー
1.3　クリエーションにかかわるリソース
　　　産業構造，マーケット，制作費用，資金調達，製作委員会

◆ **本章を学ぶと以下の内容をマスターできます**

- ☞　コンテンツ制作に関連する職種
- ☞　それぞれの職種に至るまでのキャリアパス
- ☞　コンテンツ産業の概略
- ☞　制作にかかる費用
- ☞　制作資金の獲得

---

†　肩付きの番号は巻末の引用・参考文献を示す。

1.1　コンテンツクリエーションの導入

1.1.1　本書におけるコンテンツ

ひとことでコンテンツといっても，さまざまな種類のものがある。どこまでがコンテンツなのかということに対して，明確に規定することは困難である。映画やアニメ，テレビ番組やゲーム，音楽をコンテンツと呼ぶのは容易である。しかし，人によってはデータベースに格納されるデータをコンテンツと呼んだり，検索エンジンによって検索された結果をコンテンツと呼ぶこともある。

コンテンツの意味でもある「○○の中身」という意味を広義にとれば，これらもコンテンツということになりえる[2]。そのため，広義な意味で考えれば際限のないものがコンテンツとなる。そのうえ，コンテンツの制作者は，さまざまなメディアを通じてさまざまな方法論により，つねに新しいものを発信しているため，今後はさらに規定が難しいといえる。そのため，本書では厳密にコンテンツの範囲については限定せず，一部のコンテンツに特化して解説をする。それらの知識をもとにさまざまなコンテンツに知識を応用させることで，あらゆるコンテンツに対して対応することを想定する。

その中でも，本書でどうしても言及しておきたい点は，コンテンツとアートの境界である。どちらがどうこういうつもりはまったくないものの，コンテンツは明確に利用者（視聴者やユーザー）がいて，何らかの明確な目的を持っている点を強調したい。もちろんアートにもこの点が重要であると述べる人もいる。しかし，コンテンツの場合は制作者の考えや満足以上に利用者（視聴者やユーザー）が重要であり，かつそれらが大勢であることを想定している。

そうした意味では本書で取り上げるコンテンツは**メディアコンテンツ**であるといえる。同時に**商用**コンテンツであり**エンタテインメントコンテンツ**ともいえるが，無償のものや教育目的などのコンテンツも対象といえる。いずれにしても，作家性をより主張する「作品」を主体とするアート的な考え方とは分けて述べていきたい。それこそが「メディア学」が考えるコンテンツである。

1.1.2 メディアコンテンツの分類と要素技術

メディアコンテンツに関して説明するときに言葉のばらつきが気になることが多くある。これは，コンテンツが比較的身近な存在にあるものであり，コンテンツを学ぶ者にとってもさまざまな情報源から知識を断片的に受けていることもその理由の一つである。

筆者がこれを気にしたのは，学生や若者がコンテンツ産業を志望するときに「○○をやりたい」という，この○○が，時にコンテンツの**ジャンル**を示したり，**媒体（メディア）**を示したり，**要素技術**を示したり，**役職**を示したりと，階層がばらばらのことが多いからである。単に多様性があるということが悪いのではなく，実際にそれを理解していないケースも多くあったためである。

そこで，**図 1.1** に少し言葉を階層的に整理する。

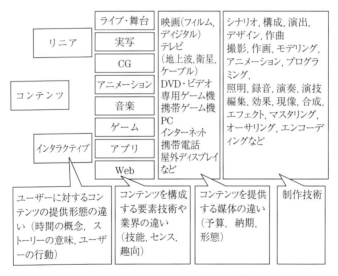

図 1.1 コンテンツの分類と支える技術

〔**1**〕 **リニアとインタラクティブ** メディア学としてコンテンツを考えた場合に，まず**リニアコンテンツ**と**インタラクティブコンテンツ**に分けることができる。

1） リニアコンテンツ あらかじめ，制作者が意図した時間軸に沿って

リニア（線形）にコンテンツが再生されるもの。原則として，視聴者やユーザーは同じ時間内に同じ体験をしている。**映画**や**アニメ**，**コンピュータグラフィックス**などの映像コンテンツがその代表である。

　2）　インタラクティブコンテンツ　　あらかじめ，制作者が制作した素材（**アセット**）が視聴者やユーザーの操作（**インタラクション**）によりインタラクティブに展開されるもの。視聴者やユーザーの操作により，体験は異なる。**ゲーム**や**アプリ**などがその典型である。映像編集では**リニア**（線形）という言葉の対極として非線形の意味を持つ**ノンリニア**という用語も用いられる。しかし，現状のこれらのコンテンツに当てはめた場合，単に非線形に情報を提示するレベルではなく，さまざまなインタラクションに対して複雑な処理を行い表現しているため，この用語を用いる。

　〔2〕　**コンテンツを構成する要素技術や業界**　　コンテンツといっても多様であり，すべての分野をひとくくりにすることは困難である。それぞれに独特の要素技術の違いなどから重視する領域も異なる。一部のコンテンツについて下記に示す。

　1）　ライブ，舞台　　**ライブ**会場や**舞台**の上で，実際に演者が演じるものを直接視聴するコンテンツである。そのものを直接見るため，やり直しができない。また，その様子を撮影し中継するようなコンテンツ（スポーツやイベントの**パブリックビューイング**）や舞台の様子を映画館で見られるようにする取組みもある。

　2）　実　　写　　**実写**は演者が演じる動きや舞台，美術をカメラによって記録し，それらを編集したものを視聴するコンテンツである。テレビの生放送など一部のコンテンツを除き，ライブや舞台と異なり，撮り直しや編集が可能である。

　3）　コンピュータグラフィックス（CG）　　コンピュータグラフィックスは現実の俳優や舞台，カメラを利用せずにコンピュータ上で映像を生成する方法である。実写やアニメ，ゲーム，Web などと組み合わせる。2 次元の CG や3 次元の CG 技術が存在し，CG のみで作品として制作したり，実写や後述す

るアニメと組み合わせたりして映像作品とすることもある。また，ゲームや Web の素材として 2D や 3D の CG を用いることもある。最近では，音楽ライブや舞台の映像演出や環境への投影（**プロジェクションマッピング**）など舞台と組み合わせる事例も増えている。

　4）　アニメーション　　アニメーションは，1 枚ずつの絵に動きを加えることで，映像を表現する手法である。日本のアニメーション作品はその独特な表現から**アニメ**として時に区別されている。最も有名なのは，紙に作画する**セルアニメ**であり，そのほか，**クレイアニメ**，**人形アニメ**など 1 コマごとに撮影していく手法（**ストップモーションアニメ**）もある。

　セルアニメは以前は**セルロイド**や**アセテート**を用いていたが，2000 年以降は，コンピュータに**スキャニング**して**彩色**，**合成**する**ディジタルアニメーション**が一般的である。クレイアニメや人形アニメでも撮影や合成，編集にはディジタル機材が使われるようになってきた。

　〔**3**〕　**コンテンツを提供する媒体**　　提供媒体によっては完成させるコンテンツの仕様が異なる。例えば映像の場合は，大画面，高精細のコンテンツである**映画**と，**携帯端末**向けの映像コンテンツでは多くのことが異なる。ゲームなどでも，**家庭用ゲーム機**向けに数千円のコンテンツを数か月〜数年かけて作る場合と，Web や携帯端末などで無料〜数百円で遊べるゲームを数週間から数か月で作る場合では異なる。

　〔**4**〕　**制作技術**　　コンテンツ制作のための技術はさまざまである。しかし，原則として名称が同じものは，分野や媒体を問わず基本は共通である。例えば，舞台の**シナリオ**と実写のシナリオ，アニメのシナリオ，ゲームのシナリオは原則同じで兼務している人も多い。テレビ番組などの構成台本はシナリオとは異なるが基本的に求められるものの多くは共通である。CG や画像処理の技術なども映画やアニメ，ゲームなどで違いがあるものの，基礎となるものは同じである。基本的に，制作技術にはそれぞれの職能が関連していて，それらが人材として職業のような形で認知されている。コンテンツ業界を目指す人の多くは，こうした職業の中のメジャーなものになりたいと志願する。

まずは，自分がコンテンツに興味を持ったきっかけやキーワードが，じつは何を意味する言葉であったかを理解してほしい。そこから周辺を見たり比較することによって将来の進路を考えるうえでも有益になる。

1.1.3 メディアコンテンツ制作を学ぶための心構え

メディアコンテンツ制作を成功させるためには，つぎのようなことが達成される必要がある。

＜**ビジネス面**＞

・魅力的なコンテンツを企画し，有能なチームを結成する

・制作のための資金（制作費）を集める

・収益を上げ，分配する

＜**制作管理面**＞

・制作工程全体を理解する

・制作するコンテンツによって的確な制作手法を選択する

・適切な時間，資金，人材を配分する

なぜこのように考えるべきか，本書においてメディアコンテンツ制作をどのようにとらえているのかを，いくつかの項目に沿って説明する。

〔**1**〕 **メディアコンテンツ制作には目的がある**　　メディアコンテンツ制作は何らかの形で発信し，他人が受け取り，その内容を理解して初めて意味を持つ。

　1 ）　**商用であり個人の満足のためではない**　　制作者が制作そのものに満足するために作ることや，自分の好きなもののみを作ることはメディアコンテンツ制作とは異なる。また，プライベートな記録やイベントなどの記録を目的とした映像もメディアコンテンツとは異なる。ただし，小規模な制作のすべてがメディアコンテンツではないという意味ではない。近年では制作環境の低価格化や高度化により個人制作などが容易になった。また，インターネットなどの情報公開，商品流通経路の整備によりアート性の強い作品や個人制作の作品，**インディーズ作品**，**同人作品**でも，ビジネスとして成立するケースも増えてきている。こうしたコンテンツは，今後も増加していくと考えられる。これ

らのコンテンツであっても，特定の対象者を想定し，その対象者を満足させる
ために制作されたものであれば，メディアコンテンツと考えるべきである。制
作の規模が小さいため，本書のすべてが当てはまるわけではないが，根本的な
考え方は同じである。

　　2）　**メディアコンテンツの持つさまざまな役目**　　何らかのメディアを利
用して公開，流通されるコンテンツにするためには，何らかの目的がある。映
画やアニメ，バラエティなどのエンタテインメントコンテンツであれば，余興
としての役目を担っている。それは作品のテーマによって，「楽しんでもらう」
「喜んでもらう」「悲しんでもらう」「怒ってもらう」など，テーマに沿った目
的を達成する必要がある。ニュースや情報番組，ドキュメンタリーなどの情報
コンテンツであれば，「知ってもらう」ということが，さまざまな教育や教養
を目的とした教育コンテンツであれば「学んでもらう」ということが必要とな
る。いずれにしても「意図を理解してもらう」ということが，メディアコンテ
ンツにとって重要である。

　〔2〕　**メディアコンテンツ制作はビジネスである**　　メディアコンテンツに
目的がある以上，その目的を達成する必要がある。そして，その目的を達成す
る過程で，ビジネスとして成立している必要がある。ビジネスとはいっても，
すべてが大ヒットを要求されているわけではない。制作プロジェクトによって
は収益ではなく，予算内でより高い品質を求めるものもある。

　　1）　**一定以上の品質を保証する必要がある**　　制作するコンテンツは一定
の水準以上である必要がある。そのレベルに満たない場合は作り直す（**リテイ
ク**する）必要がある。制作者が満足するだけではなく，その仕事を依頼した人
や，ともに制作をするパートナーや**クライアント**（依頼者）も納得させる必要
がある。

　　2）　**予算が限られている**　　コンテンツ制作にかけられる予算（費用）に
は限りがある。その予算は商用コンテンツであれば収益予測に基づいて算出さ
れる。商用コンテンツでない場合は，得られる効果に基づいて，かけられる予
算が策定される。そして，その予算の中で一定以上の品質を保つ必要がある。

3) 納期がある　　　趣味的なコンテンツ制作で，収益をそれほど必要としないのであれば，いつまでも同じ作品を作り続けたり，自分の持てる時間をつぎ込んでも問題はない。しかし，何らかの形でビジネスとして成立させるには，必ずスケジュールを考慮する必要がある。時間をかけすぎれば当然費用にかかわってくる。

〔3〕**多様なスタッフたちが集う，たくさんの工程がある**　　　コンテンツ制作では多様なスタッフが参加する。そして，それらのスタッフが分担して多数の工程を経て，初めてコンテンツが完成する。近年は制作ソフトウェアの進歩により，小さな規模のコンテンツであれば少人数（場合によっては 1 人）で完成させることもできる。しかし，一定の規模でメディアコンテンツを作ろうと思えば，多くのスタッフと多くの工程を経る必要がある。そして，それらのスタッフとの**コミュニケーション**が発生し，共通理解のための数多くのドキュメントが必要になる。

〔4〕**バ ラ ン ス**　　　上記にいろいろと説明したが，最終的にはバランスが大事になる。コンテンツビジネスとしてとらえれば，「収益と費用（人材，システム，制作期間）のバランス」がある。いかに優れたコンテンツであっても，ターゲットとなる層のボリュームや設定単価を見誤れば，成功することはできない。また，作品としての特徴と多くの人からの賛同を考えれば「作家性（独創性）と公衆性（通俗性）」が重要になる。独特なコンテンツは競争力がある一方，定番化した作品や展開の持つ安心感も大事である。

　そしてこれら二つの「ビジネスと作品創作」のバランスも重要である。どちらかを前面に出すのではなく，うまく折り合いをつけ，作品としてもビジネスとしても成功するようにコンテンツ制作を導くのは容易ではない。

1.2　コンテンツにかかわるスタッフとキャリアパス

1.2.1　コンテンツ制作にかかわるスタッフ

コンテンツ制作にはじつに多くの種類の工程が必要になる。そして，それら

の工程で特化した技能や技術が必要になる[3)〜12)]。一つひとつの技術を習得するために専門学校や大学などで学んだり，就職後 **OJT**（on the job training）で技術を身に付けたりする。それぞれの技能や技術に対応して，**職掌**（**職務**，**スタッフ**）が決まり，スタッフとしての名称が付く。さまざまな分野のコンテンツ制作では，それぞれ職掌が異なる。名称が同じであったとしても，求められる技能や技術の細かな点は異なる。一方で，制作の上流部分や下流部分では共通する職掌も多くある。

　図1.2 は代表的なコンテンツにおけるスタッフの種類を制作工程の上流から下流に沿って上から示したものである。具体的にどのような職掌があるかについては，作品のエンディングに表示される**スタッフロール**で確認できる。

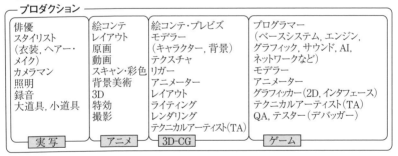

図1.2　スタッフ（職掌）の種類の例

　〔1〕　**プロデューサー**　　プロデューサーは作品において，企画立案，資金調達，作品の完成，販売流通などすべてに責任を持つ，コンテンツ制作における全体のリーダーである。上位に**ゼネラルプロデューサー**や**シニアプロデューサー**，下位に**アソシエイトプロデューサー**，**アシスタントプロデューサー**，**ラ**

インプロデューサーなどが存在することもある。

〔2〕 **ディレクター（監督）**　　コンテンツにおける作品そのものの品質に責任を持って統括するのが**ディレクター**であり，**監督**とも呼ばれる。作品全体ではなく各パートの統括をするスタッフとして，**作画監督，美術監督，撮影監督，3D監督，音楽監督**などさまざまな職種が存在する。

〔3〕 **シナリオライター（脚本家）**　　**シナリオライター**は映画やアニメなどストーリー性のあるコンテンツにおいて，最初の骨格となる**シナリオ**を制作するスタッフであり，ゲームなどの場合は，作品によってはもう少し下流に位置することもある。

〔4〕 **デザイナー**　　コンテンツにおけるさまざまな要素を**デザイン**するスタッフが**デザイナー**である。作品全体をデザインする**プロダクションデザイナー**，キャラクターをデザインする**キャラクターデザイナー**のほか，**美術デザイナー，メカデザイナー**など多くの役職がある。また，ゲームなどではゲームの根幹を設計する**ゲームデザイナー**という役職もある。

〔5〕 **演　　出**　　**演出**は監督に近い役割で，コンテンツの中での演出面を実行するスタッフである。アニメの場合では，**絵コンテ**を作成する役割を担ったり，舞台の演劇やテレビドラマの場合はディレクターのことを演出と呼ぶ慣習がある。

〔6〕 **制作技術ごとに特有のスタッフ**
＜実写特有のスタッフ＞

・俳優　　　　　　・スタイリスト（衣装，ヘアー・メイク）
・カメラマン　　　・照明
・録音　　　　　　・大道具，小道具

＜アニメ特有のスタッフ＞

・絵コンテ（演出）　・3D　　　　　　・動画
・原画　　　　　　・撮影　　　　　　・背景美術
・彩色（仕上げ）　・レイアウト　　　・特効

< 3D-CG 特有のスタッフ >

- ・絵コンテ（演出）　　　　・モデラー（キャラクター，背景）
- ・テクスチャ，マテリアル　・リガー
- ・アニメーター　　　　　　・レイアウト
- ・ライティング，レンダリング（Look Dev）
- ・テクニカルディレクタ（TD），テクニカルアーティスト（TA）

<ゲーム特有のスタッフ>

- ・ゲームデザイナー
- ・上記の 3D-CG 特有のスタッフ
- ・プログラマー（ベースシステム，エンジン，グラフィック，サウンド，AI，ネットワーク）
- ・2D グラフィッカー（インタフェースなど）
- ・quality assuarance（QA），テスター（デバッガー）

〔7〕　**エフェクト，コンポジット**　　**特殊効果**や**実写**と **CG の合成**などを担当するスタッフである。実写や CG，アニメなどさまざまな分野を横断する技術が必要とされる。

〔8〕　**作詞，作曲，演奏，声優，音響制作，録音**　　**音楽，音響**，せりふといった，コンテンツに必要な音に関する制作を行うスタッフである。

〔9〕　**エディター（編集），MA**　　コンテンツを最終的な上映，流通形態にまとめ上げる役割を持つ。音響をひとまとめにする役割は **MA**（マスターオーディオ）と呼ばれる。エディターは映像と音楽素材をまとめ，時間軸上に並べて演出する。

　ゲームなどの場合は，プログラマーがさまざまなアセットを意図通りに読み込むように**実装**する部分が編集に近い意味を持つ。

〔10〕　**デスク，制作進行，プロダクションアシスタント**　　コンテンツ制作のさまざまな工程のドキュメントの管理や上記のスタッフたちのスケジュールを管理する役目を担う。

〔11〕　**システムエンジニア，システムアドミニストレーター**　　メディアコンテンツ制作において，コンピュータをはじめとしたディジタル機器は必須で

ある。これらの**ハードウェアやソフトウェアの保守管理**などを行う。また，より高度な作品作りのために，**ソフトウェアやツールの開発**をすることもある。また，近年ではネットワークなどを介したデータのやり取りも一般的であるため，社内外のネットワークの構築や整備なども担う。

1.2.2　コンテンツ制作のキャリアディベロップメント

〔1〕　**キャリアディベロップメント**　　コンテンツ制作にはじつに多くの種類の職掌（職務）があることは 1.2.1 項で述べた。それらの職掌の中には，経験を積むことにより知識や技能を習得して到達する，いわば「経験職」のような職掌もあれば，制作会社に入社した当初に担当する職掌もある。代表的な経験職はプロデューサーやディレクターなどである。こうした職掌にどのような経験を積んで至るかという点については，制作会社やその個人によるところが多い。こうしたさまざまな職掌で経験を積んで，より責任のある職についていくキャリアディベロップメントについて，筆者がさまざまな会社や関係者にヒアリングした例を**図 1.3** に示す。

図 1.3 の中では，便宜上すべてのキャリアディベロップメントがプロデューサーやディレクターに向かうように作成されている。しかし，図に示された職掌の中には，その技術をきわめることに到達点がある職種も多く存在する。具体的には，プランナー，シナリオライター，演出，専門監督，各リード職，撮影，原画，背景美術，プログラマーなどが代表的である。

また，図には他業種からのキャリアディベロップメントについても記載している。ゲームや CG の制作会社の制作システムはもちろんのこと，近年では多くのコンテンツ制作の現場がディジタル化している。そのため，その制作ツールや制作を管理するツールには ICT 技術が多く必要とされる。ソフトウェア開発会社やシステム開発会社からエンジニアとして業界に入ってくる例も多い。

また，ビジネス系の人材も，金融やコンサルティング，テレビ局や一般企業の広報や経理などから採用されるケースもある。こうしたさまざまな能力が集結して，コンテンツ制作が実現している。

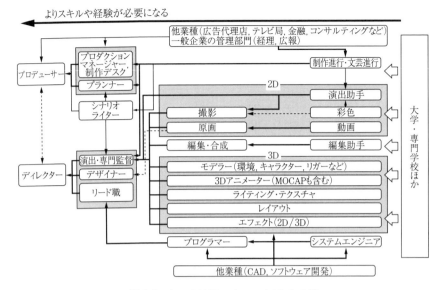

図1.3 キャリアディベロップメントの例

〔2〕 **若手スタッフのキャリアの入り口** 図1.3のキャリアディベロップメントの入り口として，教育機関を卒業したあとに，一定数の採用がある代表的な職掌について紹介する。

1）制作進行（アニメ），アシスタント，アシスタントプロデューサー（ゲーム） コンテンツ制作の進行を管理し，円滑に制作が進むようサポートするスタッフである。おもな業務には素材の受け渡し，スケジュールの管理などがある。この職掌は，すべての工程を対象とし，ほぼすべての人と仕事をするために制作の全体像を把握することができる。そのため，プロデューサーを目指すうえで重要な出発点の職種である。また，こうした経験からあらゆる職種へのステップアップにも適しており，演出職などへのステップや文芸進行を経てシナリオライターになる人もいる。

2）演出助手（アニメ），アシスタントディレクター（ゲーム，CG） 演出やディレクターのアシストをする職種であり，演出助手はおもにアニメ制作会社で使われている呼称である。アニメの演出助手は制作会社によって役割は

大きく変わることがあり，制作進行とあまり変わらないケースもある。演出や
ディレクターを目指す人にとっての出発点となりえる。

　3）**動画（アニメ）**　　**動画**は動きのキーとなる原画と原画の間を埋め，生き生きとした動きを表現する作画の仕事である。原画やレイアウトを経て作画監督，監督になるための起点であるといえる。一般的なテレビシリーズ作品の場合は1話（賞味20分程度）4 000枚程度の動画が描かれる。しかし，動画1枚当りの予算はそれほど高くないため，一定以上の品質と速度の双方を満たさなければならない。そのため，専門のトレーニングを受ける必要がある。

　動画は予算も低く枚数も必要であるため，スタッフの確保や納期，コストの関係などから，つぎに出てくる彩色／仕上げとともに海外に外注されることも多い。また，現在では人材不足であるため，動画スタッフを経ずに原画スタッフとなることもある。こうした人材不足に対応するために，原画を**第1原画**と**第2原画**の2段階に分け，比較的容易な第2原画を若手スタッフに担当させる例もある。近年では，PC上に直接作画するディジタル作画が広まっている。

　4）**彩色／仕上げ（アニメ）**　　**彩色／仕上げ**は，従来はセルの裏側からインクで色を塗る作業であったが，現在はアニメーションの色をコンピュータ上で塗る作業に置き換わっている。この職掌には基礎的なコンピュータ知識，一般的なドロー系ソフトウェアのスキルが必要となるが，大学や専門学校卒業レベルで十分に対応できる。一方で，技術的にはそれほど高度ではなく，前述の通り動画とともに海外に外注されるケースが多い。撮影や演出，エフェクトなどの他の制作の仕事に発展する。

　5）**背景美術（アニメ）**　　**背景美術**の制作の業務である。従来はアナログの作業であったが，2005年ごろから急速にディジタル化が進んだ。Painterや Photoshopといったドロー系，レタッチ系のソフトウェアを利用して制作する。また，3D-CGを利用した背景制作も増加している。

　6）**3Dアーティスト＜3Dに関連するすべて＞（アニメ，CG，ゲーム）**
3D-CGはさまざまな分野で利用されている技術であり，その技術を利用する業種や作品によって，職掌の分け方がさまざまである[3),6)]。キャラクターや背

景のモデルを生成する**モデラー**は，高い造形スキルが必要になる。また，キャラクターの動きをつけるための**リグ**のセットアップを行う**リガー**は，ソフトウェアに対する高度な習熟が必要とされる。モデルの質感を設定するための**テクスチャ**や**マテリアル**のアーティストには，多少なりともデザインや絵を描くスキルが要求される。キャラクターの動きをつける **3D アニメーター**には，観察力や動きの表現力が大事である。また，動きの生成のために**モーションキャプチャリングシステム**を用いる場合は高度な専門スキルが必要とされる。

そのほか，シーンを構築する**レイアウト**や最終的な質感を左右する**ライティング**や **Look Development**（Look Dev）などの職掌もある。また，3D と 2D の技術を利用して視覚効果を作成する**エフェクト**という職掌もある。

3D-CG の場合は，さまざまな業務がある中でより簡単な部分を若手のスタッフに任せ，責任者がフォローするなどにより，若手スタッフが活躍する場を用意している。

7）プログラマー（ゲーム，CG）　　コンピュータのプログラミングをするスタッフであり，特にゲーム制作会社では新卒の雇用も多い。また，近年では**テクニカルアーティスト**として，CG 制作会社などでも，制作ツールの開発と制作の双方を実施するスタッフとして雇用される事例が出てきている。プログラミングスキルとコンテンツ制作スキルの双方が備わることで，表現の幅が大幅に広がる。機会があればコンテンツ創作だけでなく，自分でプラグインなどのソフトウェアの開発を学ぶことを勧める。ツールを作るためには CG の原理などに触れることもあり，表現の幅も確実に広がる。

1.3　クリエーションにかかわるリソース

1.3.1　メディアコンテンツ制作の構造

メディアコンテンツを学ぶうえでは，コンテンツがどのように制作されて，どのように流通して，最終的に視聴者に届くのか，その仕組みを理解しておく必要がある。

〔1〕 **映像コンテンツ制作の全体像**　図 1.4 はコンテンツの制作と，制作されたコンテンツがどのように消費者に届くのか，コンテンツ制作の流れと対価の流れを簡潔に示したものである[8]~[12]。

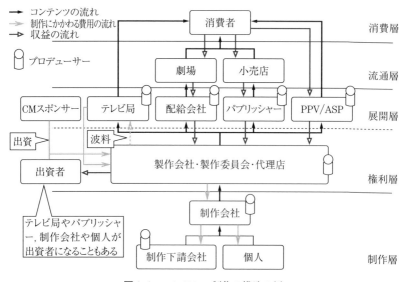

図 1.4　コンテンツ制作の構造の例

民法の地上波テレビのように原則無償のコンテンツの場合，**クライアント**（**スポンサー**）からの宣伝広告費などが制作の原資となる。

映画の場合は，**製作委員会**[†]が結成され，そのメンバーが作品に出資し，劇場での公開を通じてその収益を配分する。最近ではテレビドラマやテレビアニメシリーズなどでは映画のように製作委員会を組織するケースも多い。

ゲームや音楽，映画の Blu-ray や DVD などの**パッケージコンテンツ**の場合は，小売店を経由してユーザーに販売される。近年では**オンラインショッピング**での取扱いも多くなってきている。

ネット上を主たる流通とするコンテンツの場合は，**サービスプロバイダ**（**ASP**）や制作者が直接ユーザーにコンテンツを提供する。最近では，**オンラ**

---

† 本書ではビジネス的な部分では「製作」，創造的な部分では「制作」と示した。

インゲームやソーシャルゲームや**音楽配信**，**オンデマンド**や pay per view （**PPV**）の**映像配信**などさまざまな分野でこの仕組みが用いられている。

〔2〕　**ワンソースマルチユース**　　コンテンツは**ワンソースマルチユース**の考え方が一般的である。テレビアニメを劇場アニメとして制作し，場合によっては実写のドラマや映画にしたり，ゲーム化したりするなど，一つのコンテンツから派生的にビジネス展開する。こうした展開をハンドリングするのがプロデューサーであり，その権限を持っているのは**権利保有者**（**出資者**）ということになる。

〔3〕　**コンテンツと著作権**　　原則としてコンテンツの**著作者**は**著作者人格権**と**著作権**（**財産権**）を有している。大規模なコンテンツ制作を一人で行うのは困難であり，複数の人間による共同著作物の場合は，原則は全員が著作者である。著作者人格権は譲渡や相続は不可能であるが，著作権（財産権）は，全部またはその一部を譲渡可能である。

　映画等の著作物の著作権（財産権）は著作権法第二十九条において，著作者ではなく**映画の製作者**に帰属するとされている。映画の製作者とは，「映画の著作物の製作に発意と責任を有する者」であり，一般的にプロデューサーのことである。しかし，プロデューサーが個人で資金調達をしていれば個人に著作権（財産権）があるが，法人に所属し，その発意により制作する場合は法人が著作権（財産権）を有する。多くの場合は，1社ではなく製作委員会のように複数の会社による出資により，各社が権利を分割保有し，著作物の制作を発意する。プロデューサーはこれらの出資者を代表し，ビジネス展開を行い，出資時の取決めに従いその収益を配分する[13]。

〔4〕　**制作会社と制作者**　　制作会社の社員として勤務する場合は，著作者人格権は有しているものの，著作権（財産権）に関しては，特別な取決めがない限り（インセンティブ制度など），法人が有する。映画やゲームなどの制作にはさまざまな素材が必要であり，それぞれに著作権が存在する。プロデューサーは制作業務を制作会社や制作者に発注する際，著作権（財産権）の譲渡を制作会社や制作者に申し入れ，契約書等に明記し，著作権（財産権）で定めら

れているさまざまな方法でビジネス展開を行う。

　制作者が権利を有することも可能であるが，権利保有者があまりに膨大になると，一つひとつの権利や配分を取り決め，ていねいに契約していくのは煩雑であり非常に時間がかかる。そのため，制作を委託する場合（いわゆる**受託制作，下請制作**）は，制作に必要な対価を支払う代わりに権利に関しては譲渡する条項をつけるのが一般的である。

　〔**5**〕　**制作者が権利を主張するには**　　受託制作，下請制作は収益によるリスクを負わない分，その作品が大ヒットしてもリターンもない。図 1.4 で示したように，制作層として受託によりコンテンツ制作に携わる場合は，自分たちの求めるようなコンテンツを制作することは困難であり，また作品の成功と収益は連動しない。何らかの形で自らも出資し，権利層に入りリスクを取ることも考慮する必要がある[9]~[11]。

　近年ではインターネットの普及により，流通経路が多岐にわたっている。これまでのメディアコンテンツであれば経路が限られていたため，一つひとつのコンテンツも大がかりであり，権利層になることも困難であった。しかし近年では，インターネットによる動画像コンテンツ配信やスマートフォンやタブレットなどによるアプリ販売などを中心に，ごく少数単位でも自分の権利のあるコンテンツを流通させる手段もある。さらに **CGM**（consumer generated media）の普及と **UGC**（user generated contents）の増加も顕著である。また，**メタバース**の再興により，バーチャル空間におけるメディアコンテンツの商取引の可能性も高まっている。大規模なコンテンツ制作，小規模なコンテンツ制作に加え，制作と趣味の境界にあるようなコンテンツなど，さまざまなコンテンツがメディアの多様化によって生まれてきている。このメディアの多様化と，そのメディア上で流通するコンテンツの質的な多様化は，今後のコンテンツ制作の構造に大きな変革をもたらすと考えられている。

1.3.2　メディアコンテンツ産業の市場規模とトレンド

〔**1**〕　**コンテンツ産業全体のトレンド**　　コンテンツ産業の市場規模や近年

のトレンドを知ることは，産業全体を把握するうえで重要である。さまざまな業界団体から統計データが提供されているため，それらのデータを的確に読み解くことができれば現在の産業の状況や今後の予測もできる。**図1.5**に2021年度のコンテンツ産業の市場規模を示す。

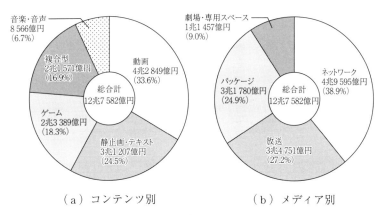

（a）コンテンツ別　　　　　（b）メディア別

図1.5　コンテンツ産業の市場規模〔出典：デジタルコンテンツ白書2022〕

　筆者が利用する『デジタルコンテンツ白書』[2)] によれば，2021年のコンテンツ産業の市場規模は，12兆7 582億円である。本書で取り扱う映像産業は4兆2 849億円，ゲーム産業は2兆3 389億円となっている。

　ここ10年の推移を**図1.6**に示す。2011年の東日本大震災の減少以降，増加傾向が続いてきた。2020年はCOVID-19の影響で動画における劇場映画や音楽・音声におけるコンサートやライブなどで減少が目立ち，大幅減となったものの2021年には急回復している。

〔2〕**映画産業のトレンド**　　**図1.7**に示す映画産業のトレンドを見ると，東日本大震災の影響の後，堅調な推移を示していることがわかる。2016年は『君の名は。』『シン・ゴジラ』などヒット作による押上げ効果があり全体を押し上げた。2019年も『天気の子』『アナと雪の女王2』『アラジン』『トイストーリー4』といった作品が興行収入100億円を超えているが，特定の作品というより多くの作品がまんべんなくヒットしたことが要因とされている。

（ａ）　コンテンツ産業の市場規模の推移（総合計）

〔単位：億円〕

区　分	2012年	2013年	2014年	2015年	2016年	2017年	2018年	2019年	2020年	2021年
動　画	43597	43746	43360	43734	43809	43956	44152	44163	39698	42849
音楽・音声	13638	13253	13367	13883	13816	13431	13758	14007	8024	8566
ゲーム	13796	14956	17174	17142	19297	21320	21932	21831	22140	23389
静止画・テキスト	40276	39163	37854	36677	35813	34098	32905	32284	31056	31207
複合型	6629	7203	8245	9194	10378	12206	14480	16630	17567	21571
総合計	117936	118321	119999	120630	123113	125010	127227	128915	118484	127582
対前年伸び率〔単位:%〕	0.5%	0.3%	1.4%	0.5%	2.1%	1.5%	1.8%	1.3%	▲8.1%	7.7%

（ｂ）　コンテンツ別市場規模の推移（データ）

図1.6　10年間のコンテンツ産業の推移〔出典：デジタルコンテンツ白書2022〕

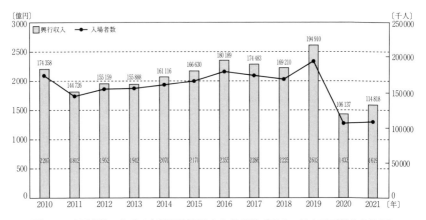

図1.7　映画産業における年間興行収入と入場者数〔出典：日本映画製作者連盟〕

　2020 年は COVID-19 の影響で，劇場公開が延期される作品が相次ぐ中，『劇場版 鬼滅の刃 無限列車編』が空前の大ヒットを記録し，『千と千尋の神隠し』の歴代興行収入記録を塗り替えた。しかし，映画全体で見れば，ほぼ半減に近い数値となり大きな影響が出ており，2021 年も特に洋画においてそれまでの水準には遠い。

〔3〕　**アニメ産業のトレンド**　　アニメの制作市場規模はここ 10 年堅調に推移を続け，ほぼ倍となった。特にテレビ放映，映画，配信，海外売上と商品化の増加が顕著である。一方で，ビデオ販売は縮小傾向にある。しかしその分，配信の市場が拡大しており，媒体の変化が生じているものと考えられる。成長の背景には作品数の増加がある。人件費の増加やさらなるディジタル化への対応など課題も多いが，以前よりも制作現場の就労環境も大手や新興スタジオを中心に少しずつ改善している（**図 1.8**）。

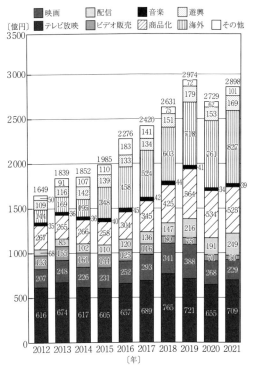

※2013 年計算時，2010 〜 2013 年までの配信市場数値について，アニメ産業市場比率 25％として補正。

※ライブエンタテインメント市場は 2013 年から調査を開始したが，本資料作成時は出典元で調査が完了していないため，過去に遡及して統計から外した。

図 1.8　アニメーション業界売上高の推移〔出典：日本動画協会〕

〔**4**〕　**ゲーム産業のトレンド**　　　いわゆる家庭用ゲームの市場は**図1.9**に示す通り，COVID-19 下の巣ごもり需要もあり，ハードとソフトともに堅調に推移した。これに加えオンライン（ダウンロード版）の視聴が急拡大した。アーケードゲームの市場は，拠点サービスである点から**図1.10**で示すように COVID-19 の影響を大きく受け，2020 年度は前年比より大きく落ち込んでいる。スマートフォン等のコンテンツ市場におけるゲーム関連の売り上げは**図1.11**に示す通り引き続き堅調である。これらを総合して判断すると，近年はゲーム産業のプラットフォームの変化傾向があったが，COVID-19 下でさらに一時的な変化が生じたものの，産業全体は変化しながら規模を拡大させているといえる。

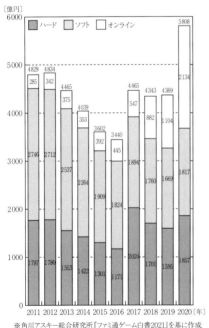

※角川アスキー総合研究所『ファミ通ゲーム白書2021』を基に作成
※集計期間：2010年12月27日～2020年12月27日

図1.9　家庭用ゲーム市場規模の推移

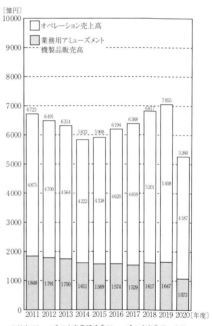

※日本アミューズメント産業協会『アミューズメント産業界の実態調査報告書』を基に作成

図1.10　アーケードゲーム市場規模の推移

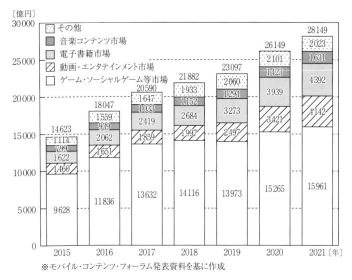

※モバイル・コンテンツ・フォーラム発表資料を基に作成

図 1.11 スマートフォン等市場規模の推移

1.3.3 制作にかかる費用

コンテンツ制作は多くのスタッフが長期間参加して成立する。そのためには当然人件費を含んだ制作費が必要になる。具体的にどの作品がどれぐらいであるかといった情報は，インターネットなどで話題になることもある。そうした予算の実例については業界内にも良書がたくさんある。本書では，そうした実例ではなく，コンテンツ制作に必要な費用の積み上げにより，自らのプロジェクトの見積りを可能にするための知識について述べていく。

〔1〕 制作費用を左右する要素

1） ビジネスプラン　ビジネスプランにおける売上目標と費用は，たがいに影響する。目標とする販売金額が高いほど，費用をかけても回収ができるということで，制作費用を左右する要素といえる。

販売目標，展開手段（劇場，テレビ，パッケージ販売，他分野や海外への展開など）

2) フォーマット　　ビジネスプランとも連動するが, どのようなフォーマットで制作するかは予算を左右する要素である。アナログメディアの材料費やディジタル処理のコンピュータ処理量が変化したり, 特殊な設備が必要となるケースがある。

映画 (35 mm/16 mm フィルム, 2K/4K ディジタル, S3D 対応, 48 fps 対応)
テレビ (4K テレビ, 1 080/720HD, SD)
パッケージ販売 (BD, DVD)
携帯端末への展開 (Android, iOS), インターネットなどへの展開
PC ゲーム, プラットフォームゲーム (据え置き型, 携帯型, オンライン対応)

3) 制 作 手 法　　近年, ディジタル技術が高度化し, コンテンツの制作手法でもディジタル技術を利用する機会は増えてきている。どのような手法を利用するのかにより制作費用も大きく変化する。

実写 (フィルム/ディジタルのどちらで撮影するか)
合成 (背景をセットで作り込むか, CG と合成するか)
手描きアニメ, 2D-CG, 3D-CG
S3D (立体視) 対応 (2D-3D 変換か, LR 素材を両方を用意するか)

4) 表現/特色　　作品の表現も費用に大きな影響を与える。監督の求める作品性や芸術性, 原作の世界観の再現などは, どこまでこだわるかによって大きく費用が異なる。

また, 作品の特色として監督や作家のキャラクター性に置くのであれば, その要望を最大限に実現する必要がある。また, 最新技術を駆使した表現を売りにするのであれば, 技術開発・新技術の採用に大きな予算が必要になる。

〔2〕 制作費用の概要

1) 場所にかかわる費用　　コンテンツ制作に必要な場所としては, 定常的に必要となる事務所や制作スペースのほか, 実写の撮影の際に 1 日単位や時間単位で必要になるスタジオや編集スタジオなどがある。こうした費用を想定して積み上げる必要がある。

　事務所や制作スペースを賃貸する場合は，賃貸料が必要になる。都内（山手線圏内）のオフィスを借りる場合は，坪（3.3 m²）当り 10 000～40 000 円程度が必要である。1 フロアが広い物件は，便利であるが賃料が高くなる傾向がある。必要な広さの目安は，労働安全衛生法事務所衛生基準規則第 2 章第 2 条[14]に示されており，1 人当り 10 m³ と定められている。高さが 2.4 m 相当のオフィスを想定した場合は床面積が 4.167 m² となり，おおよそ 1.25 坪程度となる。これには設備の占める容積及び床面から 4 m を超える高さにある空間は除かれているため，特殊な作業設備を除き，共有面積を入れると 1 人当り 1.5 坪程度は必要ということになる。

　また，自社ビルとして保有しているケースでは，必要な面積分の建設償却費や設備償却費が場所にかかるコストが該当する。自社ビルでなく，会社全体で賃貸し複数のプロジェクトで使用している場合でも，当該プロジェクトで占有する面積分の賃料については算出し計上する必要がある。また，光熱費についても無視できない費用になる。

＜償却費＞

定額法
その償却費が毎年同一となるように，つぎの算式により計算した金額を各事業年度の償却限度額として償却する方法

　　　（取得価額－残存価額）×　定額法による償却率

定率法
その償却費が毎年一定の割合で逓減するように，つぎの算式により計算した金額を各事業年度の償却限度額として償却する方法

　　　取得価額（前年までの償却費を控除する）×　定率法による償却率

---

　2)　機材（償却費，購入費，リース費，レンタル費）　　撮影機材やコンピュータ，ソフトウェアなど，制作に必要な機材にかかわる費用はどのような形で調達するかにより，さまざまな見積り方ができる。

　機材を購入した場合は「購入費」として計上するが，例えば，撮影機材や高性能なコンピュータなどは，そのプロジェクトの制作期間だけ利用するもので

はない。こうした高価な機材については，法律で定められた**耐用年数**にわたり**減価償却**していく。プロジェクトで占有する期間の減価償却費を考慮するのが妥当である。安価なものは，実際の購入費がそのまま機材費となる。継続して更新する必要のある機材については，一括払いとなる購入ではなく**リース**を選択することもある。3〜6年程度の中長期，機材を借用する契約をし，期間が満了する際に新規の設備に入れ替えることで一定の支出で安定して機材を確保できる。プロジェクトで占有する期間のリース料金が機材費となる。

　一方，そのプロジェクトのみの利用や，臨時で必要となる機材については，**レンタル**を利用する。単価と利用する期間で機材費が算出できる。

　3）　人　件　費　　コンテンツ制作において最も比率が高く重要な部分である。支払い・計上方法にはさまざまな算出基準がある。

　時給，日給，月給，年棒，出来高（作業量），プロジェクトベース

　社員の場合は支払う給料だけではなく，保険，年金，福利厚生など，そのほかの費用についても考慮する必要がある。原則として，支払う給与をベースに計上する。制作スタッフの単価（日額・月額）を設定したうえで，制作スケジュールをもとに，どんなスタッフが何人，どの期間活動するのか考えて算出する（単価×人数×期間＝人件費）。

　そのほかに必要な作業の単価を設定し，その業務を依頼するという算出方法もある。この場合は制作内容から作業の量を予測し，発注額を算出する（単価×数量＝人件費）。

　さらに，ソフトウェア開発などで多く用いられる方法で**人月単価**という考え方もある。1人のエンジニアやアーティストが，1か月間フルに働く場合に必要となる給与や，場所代，設備などを含め人月単価を設定し，あとは人数と期間により算出する方法である（人月単価×人数×期間）。

　4）　技術（開発費，メンテナンス費，ロイヤリティ）　　開発費は制作に必要なソフトウェアや管理システムを開発する費用である。これらを自社で開発する場合はプログラマー・エンジニアの人件費となる。他社に開発を委託する場

合は見積りベースとなり，上記の人月単価などをベースに見積りが作成される。

　メンテナンス費は，制作に必要な機材をつねに万全の状態に保つための費用である。自社でエンジニアを雇用して整備する場合はエンジニアの人件費になる。他社に委託する場合は，汎用的なハードウェアなどであれば保守契約などを締結する。特殊な設備を委託整備する場合は見積りベースになる。

　ロイヤリティは特殊なシステム，技術を使う場合に計上する必要がある費用である。特殊な撮影用システムや CG 制作システム，ゲーム開発などで**ゲームエンジン**を利用する場合などに発生する。

　5）諸経費（通信費，交通費，資料費，打合せ費）　インターネットや電話などの通信費やスタッフの交通費，書籍などの資料代などさまざまなコストが諸経費として必要になる。賃料が安い郊外に事務所やスタジオを構えると，こうした諸経費がかさむこともある。

　6）企画（譲渡費，ロイヤリティ）　原作者から著作権（財産権）の譲渡を受けて作品を制作する際には，譲渡にかかる費用が必要になる。また，著作権（財産権）は譲り受けず，権利の一部を利用して2次利用をするケースなどではロイヤリティなどの名目で，著作者に支払う。

1.3.4　資　金　調　達

資金の調達の方法は，**図1.12**のように分類することができる。

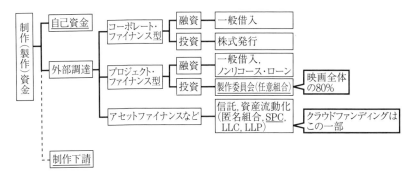

単独ではなく組み合わせて利用されることが多い

図1.12　制作（製作）資金

〔1〕　**自己資金方式**　　自らの資金により制作費用をまかなう方式である。原則として作品の権利はすべて自社（自分）となるため自由度が高い。**パイロット制作**として一部を自己資金でまかない，その後の制作資金を獲得することは多い。また，インディーズ作品や個人作品は基本的にこの仕組みである。

<メリット>
自由に制作ができ，権利を保有できる。
<デメリット>
十分な制作経験とビジネス経験がなければ成立しない。
自社に十分な管理能力がなければならない。

〔2〕　**制作下請方式**　　クライアント企業やテレビ局，製作委員会などから制作費用を受け取る方式である。著作権（財産権）は発注者に譲渡するケースが多い。

<メリット>
かけた費用は原則として回収できる（売上に左右されず安定している）。
資金を調達する必要がなくリスクが少ない。
<デメリット>
基本的には権利の保有できるケースは少ない。作品がヒットしても収益が増えるわけではない。

〔3〕　**ノンリコース・ローン**　　コンテンツを**責任財産**とし，融資を受ける**非遡及型融資**である。コンテンツとそのコンテンツからの収益を返済の原資とする融資形態である。もともと比較的安定した収益を定期的に望める不動産などに多く利用されており，コンテンツにも適用されている。

<メリット>
責任を一つのコンテンツに限定できるため，一つの作品で失敗しても会社全体は影響を受けにくい。

<デメリット>
収益が望めるコンテンツであると金融機関に認めてもらう必要がある。コンテンツが金融機関からの信頼のため，ある程度の規模が必須。

〔4〕　**製作委員会方式**　　映画やテレビ，DVD などをもととしたメディアミックス戦略でよく用いられる方式である。コンテンツを流通，資金回収できる業界各社が参加し，出資に見合う権利（劇場配給，制作，出版，テレビ放映権，宣伝 / 媒体，ビデオ化，海外など）を取得する。民法上の**任意組合**となることが多い。

<メリット>
コンテンツ制作にかかわる関係者からの出資がしやすい。
<デメリット>
分割無限責任となる。
権利散逸によって 2 次利用がしにくいこともある。

〔5〕　**特定目的会社（SPC）方式**　　SPC（special purpose company）方式といわれる。出資者が制作のための会社を作り，権利関係を集約する。

<メリット>
長期間にわたる効率的な運用が可能で，2 次利用などが行いやすい。
金融機関からの融資（ノンリコースローン）を利用できる。
投資収益の獲得のみを目的とした外部投資家の参加が可能。
資金の流れが明確になり，作品リスクを本体事業から分離できる。
<デメリット>
会社法に沿った会社の設立手続きが必須であり，事務手続きが煩雑。

〔6〕　**知的財産信託方式**　　2004 年の**信託業法**の改正により，著作権の信託化が可能となり，映像コンテンツなども信託として扱えるようになった。信

託業者などにコンテンツを信託して，投資家（個人も含む）に信託として販売する。

　本手法を用いたプロジェクトとしては，2008 年制作の『フラガール』（シネカノン）が有名である（同社は 2010 年に民事再生法を申請）。

　＜メリット＞
制作委員会の資金調達などに利用できる。
従来の銀行融資が困難な場合でも，制作資金の調達が可能である。
　＜デメリット＞
実質的に投資価値のあるコンテンツに限定（有名な監督やプロダクション，
有名なキャスト，コミックスなどの映画化）される。

---

〔7〕　**クラウドファンディング**　　インターネットなどを介して出資者が少額の資金提供を行う仕組みである。資金提供に対する対価によって投資型，寄付型，購入型の三つに分類できる。投資型はいわゆる組合契約となるため，資金提供を受ける側は金融取引業の登録が必要である。寄付型は税法上の寄付にあたり，購入型は他の資金調達の方式と組み合わせて実施することもある。

　＜メリット＞
寄付型や購入型は比較的気軽に活用できる。
　＜デメリット＞
投資型は資金提供を受ける側が金融取引業の登録が必要。
巨額の資金を集めるには相当の工夫が必要。

演 習 問 題

〔1.1〕　プロデューサーとディレクターの違いを述べなさい。

〔1.2〕　CG 制作に必要なスタッフの職種を 10 種類挙げなさい。

〔1.3〕　今後，成長が期待される流通形態はどのような形態か，その理由とともに述べなさい。

〔1.4〕　30 分の CG 映像を作るのに，制作スタッフ 30 名が 2 か月間フルに活動するとした場合，必要となる費用がいくらになるか算出しなさい。ただし，費用には場所代や機材などを含むものとする。

〔1.5〕　自分がプロデューサーとなってコンテンツを世に送り出すと仮定した場合，どのような方式で資金を集めるのか考えなさい。また，その方式を選んだ理由とともに述べなさい。

2章 プレプロダクションの全体像

◆ 本章のテーマ

　本章では，本書で取り扱うリニアコンテンツのシナリオやキャラクターメイキングなど，コンテンツ制作のプレプロダクションの全体像を述べる。

　それに先立ち，コンテンツの制作の全体像とその変化について触れる。制作工程はメディア技術の変化に対応して変化する部分も多い。メディア学と創作が密接にかかわる部分であるため，さまざまな分野で起きた変化についても触れる。

◆ 本章の構成（キーワード）

2.1　進化する制作工程

　　　　ディジタル化，3D 化（立体視，3D-CG），高解像度（4K，8K），
　　　　カラーマネージメント，リニアワークフロー

2.2　プレプロダクション

　　　　アイデア，企画，シナリオ，デザイン，設定，絵コンテ，プレビズ

◆ 本章を学ぶと以下の内容をマスターできます

☞　映像コンテンツ制作工程

☞　制作工程の変化

☞　プレプロダクションの工程

2.1 進化する制作工程

2.1.1 コンテンツの制作工程の体系

コンテンツ制作は大きく分けて，つぎの三つに分けることができる。

〔1〕 **プレプロダクション**　コンテンツ制作における準備段階を意味する。近年では，制作の権利部分にかかわるようなビジネスの仕組みを作る部分を**ディベロップメント**と呼び区別する例も増えてきている。

コンテンツ制作の企画や仕様を決める部分である。プレプロダクション段階では，制作に携わる人もそれほど多くないため，長時間かけて煮詰めていくことも多い。なお，本書ではコンテンツクリエーションの根幹部分として，プレプロダクションを中心に解説する。

〔2〕 **プロダクション**　コンテンツ制作における実行段階を意味する。プレプロダクション段階で企画した内容に沿って実際の制作を行う部分である。プロダクション段階では多くのスタッフが集結し制作を進める。そのため，一度プロダクション段階に入ると，一つの工程の停滞が他の工程にも大きく影響を及ぼしてしまう。そのためにも少人数で実施するプレプロダクションで十分に検討し，集約してプロダクション段階を実行することが大事である。

〔3〕 **ポストプロダクション**　コンテンツ制作における活用段階である。撮影した素材やCGによって作成された素材，音素材などを組み合わせて一つのコンテンツとしてまとめ上げていく。実写による作品制作の場合，近年では，CG素材との合成が非常に増えており，ポストプロダクションの比重が高まってきている。

2.1.2 制作工程を変化させてきたディジタル化

コンテンツの制作工程はさまざまな要因により変化を続けている。コンテンツ制作者は，つねにより良いコンテンツを提供することを目指している。そのため，現存するあらゆる技術を駆使して，より表現を向上することに注力している。また，制作にかけられる時間や予算は限られていることから，品質を落

とさずに極力省力化することにも注力している。こうした，質と効率の両面の向上は制作における工夫や日々の努力のたまものである。一方で，技術の変化により制作工程が一変することもある。そうした事例をいくつか挙げる。

〔1〕　**編集作業におけるディジタル化とコンピュータの利用**　　従来，編集作業は手作業でフィルムを直接切り貼りすることで実現していた。1950年代に磁性体を利用するアナログのビデオ機器の登場により，それらは機械の作業に変わった。そして，1980年代，ビデオ機器のディジタル化に伴い，ディジタルならではの劣化のない編集が可能となった。

　1990年代後半には，コンピュータのハードディスク上で編集する**ノンリニア編集**が登場し，急速に普及が始まった。そのため，すべての素材が完成しなくてもコンピュータ上で編集作業を始めたり，結果を確認したりすることが容易になった。これは複雑な表現をより容易にしたり，作業を効率化したりするうえで大きな役割を担った。一部の簡単な**特殊効果（スペシャルエフェクト /ビジュアルエフェクト）**は，編集段階においてコンピュータ上で容易に実施できるようになったため，工程にも変化が現れた。

〔2〕　**撮影機材のディジタル化**　　編集と同じように，カメラもフィルムから，**アナログVTR**，**ディジタルVTR**（またはディスク）と経て，現在では直接**フラッシュメモリ**に記録する方式が普及した。編集作業は繰返しの作業において画質の劣化がないことなどから，急速にディジタル化した。一方，フィルムでの撮影は撮影素材をコンピュータに取り込み作業ができる点や，撮影時の質感や品質の高さなどから，現在でも一部で利用されている。しかし，技術の向上からディジタル記録のカメラの品質も向上し，フィルムの製造が大幅に縮小していることから，急速にディジタル化が進んでいる。

　ディジタル化が進み，フィルムの長さに起因していた撮影時間の制約などが軽減される一方で，屋外では安定した電気の供給など，事前の計画に新たな注意が必要になった。また，撮影現場での素材の確認などが容易になる反面，データとして記録された色を正しく再現してチェックするための機材なども必要になった。

〔3〕 **上映のディジタル化**　編集や撮影のディジタル化とともに，劇場での上映もディジタル化，いわゆる **D-Cinema** が進んだ。北米を中心に，D-Cinema の仕様を検討する団体 Digital Cinema Initiative が誕生し，のちに ISO において規格化された。これらの規格に沿った機器は生産されたが，設備投資が高価なことなどから，日本国内では普及はそれほど進まなかった。しかし，2009 年の『Avatar』の Stereoscopic 3D（**S3D**）上映をきっかけに，S3D 上映が可能な D-Cinema に注目が集まり一気に普及した。

従来のフィルムは，各劇場用にフィルムをコピーし，物理的に配布する必要があった。ディジタル上映の場合は，マスターデータである digital source master（**DSM**）を生成し，それらをもとに配布用のマスターとなる digital cinema distribution master（**DCDM**）を作成する。この DCDM をもとに上映用のデータ（digital cinema package）を作成し，各映画館にネットワークやハードディスクなどを利用して届ける。フィルムの取扱いと比較して，ディジタルデータになり作業は簡略化したが，そのために専用の設備などが必要になり，また別の知識とスキルが必要になった。

〔4〕 **アニメのディジタル化**　長らくアニメの制作の主流となっていた手法は，「セルアニメ」と呼ばれる制作手法である。紙に手で描いた動きを表現する画を**トレスマシン**と呼ばれる転写機や，直接手でなぞることで透明な**セル**（実際は**アセテート**）に転写する。このセルに裏面から着色することでキャラクタなどの前景を制作する。このセルと背景画となる水彩画を重ね，1 枚ずつフィルムに撮影することで，映像を生み出している（**図 2.1 〜図 2.3**）。

1982 年に NHK で放送された『子鹿物語』（制作：エムケイ）では，セルを用いずにコンピュータ上で彩色，仕上げをする手法である**ディジタルインクアンドペイント手法**（**DIP 手法**）を利用して制作された。しかし，当時は制作コストと制作時間が膨大になることから，普及には至らなかった。

しかし，セルアニメの材料であったアセテートは 1990 年代前半に製造中止となった。そのため，制作会社はアニメーションの制作手法を変革する必要性が出てきた。米国はいち早く，1993 年ごろから DIP 手法を採用し始め，日本

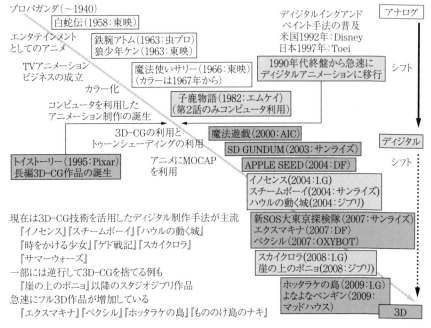

プロパガンダ（〜1940）

白蛇伝（1958：東映）

エンタテインメント
としてのアニメ

鉄腕アトム（1963：虫プロ）
狼少年ケン（1963：東映）

ディジタルインクアンド
ペイント手法の普及
米国1992年：Disney
日本1997年：Toei

アナログ

TVアニメーション
ビジネスの成立

魔法使いサリー（1966：東映）
（カラーは1967年から）

1990年代終盤から急速に
ディジタルアニメーションに移行

シフト

カラー化

コンピュータを利用した
アニメーション制作の誕生

子鹿物語（1982：エムケイ）
（第2話のみコンピュータ利用）

3D-CGの利用と
トゥーンシェーディングの利用

魔法遊戯（2000：AIC）

ディジタル

SD GUNDUM（2003：サンライズ）

シフト

トイストーリー（1995：Pixar）
長編3D-CG作品の誕生

アニメにMOCAP
を利用

APPLE SEED（2004：DF）

イノセンス（2004：I.G）
スチームボーイ（2004：サンライズ）
ハウルの動く城（2004：ジブリ）

現在は3D-CG技術を活用したディジタル制作手法が主流
『イノセンス』『スチームボーイ』『ハウルの動く城』
『時をかける少女』『ゲド戦記』『スカイクロラ』
『サマーウォーズ』
一部には逆行して3D-CGを捨てる例も
『崖の上のポニョ』以降のスタジオジブリ作品
急速にフル3D作品が増加している
『エクスマキナ』『ベクシル』『ホッタラケの島』『もののけ島のナキ』

新SOS大東京探検隊（2007：サンライズ）
エクスマキナ（2007：DF）
ベクシル（2007：OXYBOT）

スカイクロラ（2008：I.G）
崖の上のポニョ（2008：ジブリ）

ホッタラケの島（2009：I.G）
よなよなペンギン（2009：
マッドハウス）

3D

図2.1　日本のアニメの技術変遷

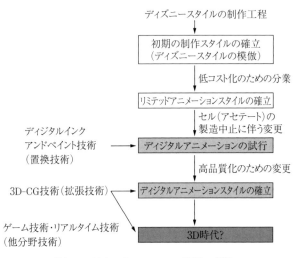

ディズニースタイルの制作工程

初期の制作スタイルの確立
（ディズニースタイルの模倣）

低コスト化のための分業

リミテッドアニメーションスタイルの確立

セル（アセテート）の
製造中止に伴う変更

ディジタルインク
アンドペイント技術
（置換技術）

ディジタルアニメーションの試行

高品質化のための変更

3D-CG技術（拡張技術）

ディジタルアニメーションスタイルの確立

ゲーム技術・リアルタイム技術
（他分野技術）

3D時代?

図2.2　日本のセルアニメの工程の変遷

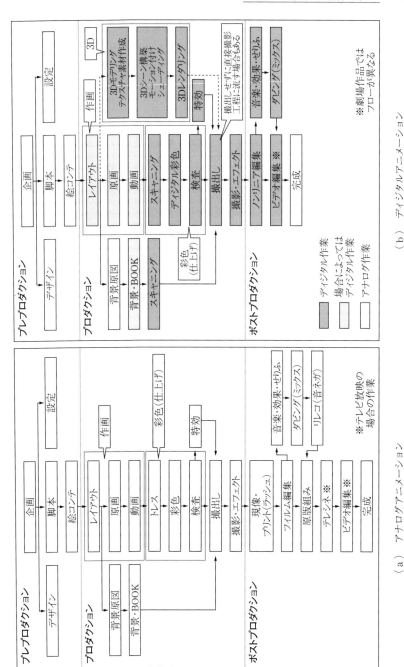

（a）アナログアニメーション

（b）ディジタルアニメーション

図 2.3 アニメ制作工程

も 1997 年ごろから徐々に移行が始まり，2000 年代中盤にほぼ100％ DIP 手法が採用されるようになった。また，2000 年代には背景美術のディジタル化も急速に進んだ。2010 年代半ばには作画のディジタル化も進み，地方スタジオなども増加している。

　具体的なディジタル化のポイントは下記の通りである。

　　1）　素材は「セル（アセテート）」や「フィルム」からディジタルデータに

　　2）　「トレス」と「彩色」から「スキャン」と「ディジタル彩色」に

　　3）フィルムによる「撮影」からディジタルによる「合成」に

　　4）フィルムの編集はノンリニア編集とビデオ出力，データ出力に

2.1.3　コンテンツクリエーションと新技術のバランス

　近年のメディアの変化は，制作の企画や制作工程にも大きな変化をもたらしてきた。

〔1〕　**流通メディアの変化**　　流通メディアの変化は，新たな特徴を持った企画の必要性をもたらしてきた。特に顕著な事例は，インターネットによるコンテンツの流通スタイルの変化である。テレビや映画などの一方通行でかつチャンネルが物理的に限られているメディアと比較して，ネットメディアは無尽蔵に広がるリソースを持っているといえる。テレビやスクリーンからコンピュータの画面に変化し，テレビや映画よりも，よりパーソナルなものも増えた。また，視聴時間もテレビや映画と比較して短いことから，短編の作品をシリーズ化して企画する事例も多い。当初はネットワークの速度の問題もあり，画質は総じて低く，メディアとしてはテレビや映画より質の低いコンテンツとしてとらえられてきた。しかし，テレビや映画のような送信，上映のためのハードウェアが大規模で特殊なものであるのに対し，インターネットメディアは汎用的なメディアでもあり，そのインフラの速度は飛躍的に向上した。合わせてコンテンツの**圧縮技術**なども進化し，それらをソフトウェアで処理することにより，それほど大きな投資がなくても革新が可能であった。現在では，インターネットの動画メディアで 4K コンテンツが提供されている（**図 2.4**）。

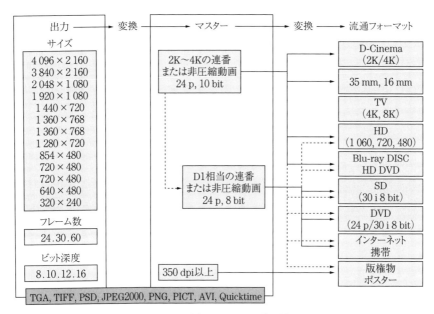

図2.4 増えるメディア（出力）

また，無線通信の高速化や端末の高性能化に伴う携帯メディアの革新も大きい。家庭などでコンピュータを介して視聴するのではなく，携帯端末で動画コンテンツを視聴する事例も増えてきている。テレビや映画なみの画質を携帯端末に入れて持ち歩き，好きなときに視聴することができるようになった。

そのため，小さな画面でも十分に理解できるようなコンテンツの作り込みや，Web 上のサービスと連動したコンテンツも誕生してきた。従来の視聴することが中心のコンテンツから，積極的にユーザーが関与するコンテンツに広がりが出てきた。インターネットにより提供されるコンテンツは，テレビや映画とは異なる可能性を持っており，これらと連動しながら今後も発展することが考えられる。

〔2〕 **メディア技術の変化とクリエーション**　2.1.2項で紹介したようなディジタル化にすることで，新たな制作技術の習得や大規模な制作システムの整備が必要性になるケースがある。表現の高度化や制作の効率化などのための

新技術の習得や環境整備は，制作する側の能動的な選択によって進められる。

一方で，規格の変化やメディアの変化により受動的に新技術の習得や環境整備が必要になるケースもある。単純に，どの変化がどちらかに分けられるわけではないが，編集や撮影のディジタル化は能動的，上映のディジタル化による要望や地上ディジタル放送などによる最終納品フォーマットの変化は後者であるといえる。

能動的なディジタル化であれ受動的なディジタル化であれ，重要なのは求められる画質や品質に対して，適切な技術を選択し，制作にかかる時間やコストとのバランスをとることにある。すべてのコンテンツに対して最新，最高の技術を利用するということは考えられない。最終的なコンテンツの形態などを考慮し適切な選択を行うことが求められている。

例えば，**4K** や **8K** による制作においては，従来の **HD** 制作や **2K** 制作と比較して素材の処理負担は4〜16倍となる。当然，計算処理時間も増大になり，素材の容量もデータの受け渡しにかかる転送速度も同様に激増する。したがって，4K や 8K という新たな技術が確立しても，十分な制作インフラが整わなければ制作の実施は容易ではない。

2.1.4　コンテンツクリエーションのためのメディアリテラシー

ディジタル化に伴い，コンピュータに関する知識がコンテンツクリエーションにも必要になってきている。多くの内容はコンピュータの基礎的なリテラシーの内容であるが，コンテンツクリエーションを行うものとして必須の知識として，理解が必要である。

〔1〕　**画像に関する知識**

1）　画像サイズに関する知識　　流通するメディアによっては，厳密な規格（フォーマット）が存在するため，その規格に合わせた完パケ（完成映像）を作る必要がある。そのため，原則として作品が流通するメディアによって制作する素材の画像サイズは異なる。ただし，最終の流通メディアが指定するフォーマットに合わせなければならないのは，完パケである。必ずしも制作の

すべての素材をこのフォーマットで行わなければならないというわけではない。余裕を持って最終メディアのサイズよりも大きなサイズで制作し，画像を縮小したり一部を利用するケースもある。また，これとは逆に素材の比率や求める品質を満たしていると判断するのであれば，より小さな画像サイズで制作し，アップコンバートやブローアップするケースもある。

テレビ作品では，従来のアナログ放送の企画であった **SD**（standard definition）では **D1** サイズと呼ばれるサイズが利用されていた。D1 サイズは 720×486 ピクセルである。また，SD のディジタル映像では DV フォーマット 720×480 もさまざまな撮影機材や編集機器で利用されている。現在，地上ディジタル放送で利用される **HD**（high definition）では，さまざまな画像サイズが認められている。地上ディジタル放送用に利用される方式に合わせたサイズは，1 280×720（720 p），1 920×1 080（1 080 i，1 080 p）のほか，アスペクト比が 4 : 3 の 1 440×1 080 もある。

劇場作品の場合，上映はフィルムの場合は 35 mm フィルム，ディジタルシネマの場合は，2 048×1 080（2K）または 4 096×2 160（4K）のサイズとなる（**図 2.5**）。撮影に際しては，35 mm フィルム，16 mm フィルムや 2K，4K のディジタルシネマカメラ，HD のカメラなどが用いられる。ディジタルシネマカメラには 4K を超える 5K などで撮影できるものもある。ディジタル撮影し

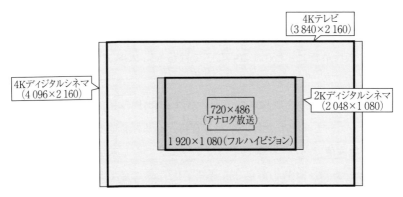

図 2.5 画像サイズ

た素材はコンピュータにインポートされ，コンピュータ上で色彩の調整や合成作業などが行われる。これらの中間素材やその素材を加工する工程はディジタルインターミディエイト（digital intermediate：**DI**）と呼ばれている。フィルムで撮影した素材も，現在ではコンピュータにスキャンされ，DI工程でさまざまな処理を行っている。上映がディジタルの場合はDIからマスターデータ（DSM）を作成し，劇場に配布するデータを作成する（DCDM，DCP）。フィルムの場合はDIからフィルムに焼き付ける。

DVDパッケージの規格は720×480ピクセルである。16：9での視聴を前提とする場合は，**スクイーズ**という手法を用いて，横方向を縮めて収録し再生段階で引き伸ばす。スクイーズを利用するためには，素材は854×480ピクセルで作成する。Blu-rayはHDフォーマットでの記録となるため，HD素材と同じサイズで作成する。

2）画像のデータ量に対する知識　スキャニング後のデータ量に影響する。横1 920ピクセル，縦1 080ピクセルの画像ファイルは，1 920×1 080 = 2 073 600個のピクセルを持っている。それぞれの画素が色を表現するためにRGB各色8 bit（256階調）を有している場合，2 073 600ピクセル×8 bit×3色 = 49 766 400 bit = 6 220 800 byte = 6 075 KBとなる。

〔2〕**色に関する知識**　コンピュータで色を扱う場合に，最も多く利用されるのはRGB表色系と，CMY表色系である。前者は映像制作，後者は印刷などのDTPで利用される。このほか，フィルムやディジタルシネマなどで利用されるXYZ表色系なども存在する。ここではおもにRGB表色系について解説する。

1）色深度　映像制作で用いられるRGBのR，G，Bそれぞれの色チャンネルに対してどれだけの情報量を持たせるのかをビット（bit）で表した数値が**色深度**である。一般的なソフトウェアでなじみが深いのはRGBで，各色8 bitである。RGBの各色256階調で0～255の値で色を表現している。近年では，地上ディジタル放送やディジタルシネマなどで，8 bitを超える規格も多い。そのため，映像制作ではRGB各色16 bitで作成することも多い。ま

た，映像制作の場合には RGB の各色に加え，合成の際に利用するマスクのための**アルファチャンネル**を利用することも多い。

2）　**カラーマネージメント**　　コンピュータデータはデータそのものとしては同一であり，どのコンピュータで扱っても同一であり，劣化しない。しかし，同じ画像データであってもディスプレイによって見え方は異なる。見え方が異なる原因は，ディスプレイの方式や機種ごとの特性，ディスプレイの設定，ディスプレイの経年変化，表示しているソフトウェアの設定，視聴環境などさまざまである。

データ本来が持つ色を正確に再現するためには，調整された**マスターモニター**などの基準ディスプレイが必要である。また，制作過程で誤解が生じないためにも，極力，同じ作品を制作している際は，ディスプレイを詳細な調整が可能な**カラーマネージメント**対応の同一機種に統一し，設定を統一し，定期的に色彩の調整を行うべきである。それが難しい場合でも，色を決める「色彩設計」，色を計算結果に頼る「3D」の **Look Development**（Look Dev），各種の調整を必要とする「撮影」とそれらを判断する「演出や監督」のチェック用ディスプレイだけでも整備しておくべきである。

〔3〕　**ファイルフォーマットに関する知識**　　映像制作に利用する静止画像，動画像のファイルフォーマットにはさまざまな種類が存在する。的確な種類を選択することは，制作者にとって必須である。

1）　**非圧縮，可逆圧縮，非可逆圧縮**　　動画像のフォーマットには，**非圧縮**と**可逆圧縮**と**非可逆圧縮**のものがある。非圧縮のフォーマットは，一切圧縮されないため，データのサイズは増大になるものの，画質をつねに保つことができる。

これに対して可逆圧縮は，データサイズを圧縮することができるうえに，元の画質に戻すことができる。非圧縮に比べて，サイズが小さくなるために，データの受け渡しの際の時間の短縮や，ディスクスペースの節約に適している。ただし，非可逆圧縮ほど圧縮効率は高くない。しかし，圧縮と伸張にはコンピュータの処理負荷がかかる。そのため，ファイルの保存や読込みに時間が

かかることがある。

```
── ＜可逆圧縮ファイルの例＞ ─────────────

   JPEG2000                    SGI （SGI）

   Mac PICT （PIC，PICT，PCT）   TARGA （TGA）

   PNG （PNG）                  TIFF （TIF）

   Photoshop PSD （PSD）
```

　非可逆圧縮はデータサイズをかなり圧縮できる。しかし，一度圧縮したデータは元には戻らない。そのため，制作の中間素材として保存したり受け渡したりする場合には適さない。一方で，インターネットなどを通じて映像を配信したり，多くの人に閲覧してもらう場合には適した方式になる。

　2）　ファイルフォーマットの選択　　制作に利用するファイルフォーマットを選択するには，最終納品形式の確認が重要である。最終的に求められる画質をつねに満たした状態で処理やデータのやり取りをする必要がある。一度，劣化した画質は決して元に戻らないので，最終納品の使用に合わせて適切な選択が必要である。

```
── ＜最終出力形態に応じた納品仕様＞ ────────

   データの受け渡し先と互換性のある形式を選択

     （ソフトウェアのバージョンの違いなどにも注意）

   素材ファイルの場合は「非圧縮」または「可逆圧縮」形式

     （一度劣化した画像はその後のワークフローでは復帰できない）

   多ビット環境なら多ビット対応のファイルフォーマット

     （一度 8 bit になった画像は 10 bit で保存しても無意味）

   素材となる画像は非圧縮か可逆圧縮

     （一度圧縮した画像はあとで非圧縮にしても無意味）
```

　〔4〕　ネットワークに関する知識　　映像制作のディジタル化に伴い，データをネットワークなどを利用してやり取りする事例も増えてきている。

1）　容量に応じた適切な受け渡し方法の選択　　映像コンテンツの素材は膨大になるため，ネットワークの速度に対しても注意を払う必要がある。インターネットでのやり取りはもちろん，社内などの LAN 環境であっても，非常に時間がかかる場合がある。やり取りするデータ容量やネットワークの状態によっては，LAN 環境でも外付け HDD を利用したほうがよい場合もある。

　図 2.6 は「データをネットワークで転送するのにかかる時間」と「データをメディアに書き込む時間＋メディアを運ぶ時間＋先方で読み出す時間」をグラフで表したものである。

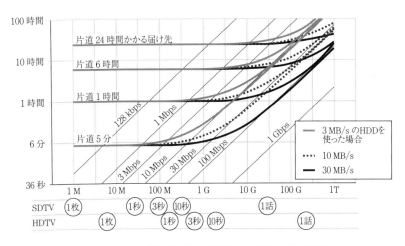

「SDTV」「HDTV」の欄はそれぞれ非圧縮の画像データ量の目安

図 2.6　データ転送にかかる時間

　例えば，100 MB のデータを片道 5 分かかる場所に運ぶ場合，1 Mbps の回線で送るよりも，読み書き速度が 10 MB/s のメディアに入れて運んだほうがはやく届けられる。一方，1 時間離れた場所なら 1 Mbps の回線で送ったほうが早く届けられる。

2）　セキュリティ　　ネットワークを介してデータをやり取りする場合には，コンピュータウィルスなどに対して最新の対策を練ることが必要である。特に制作途中のデータや制作にかかわる情報が流出するような事態は絶対に避

けるべきである。そのためにも，データのやり取りの際には，セキュアなファ
イル転送サービスを選択する必要がある。

2.2　プレプロダクション

本節では，リニアコンテンツの制作におけるプレプロダクションについて解
説する。

2.2.1　プレプロダクションの全体像

プレプロダクション段階ではコンテンツにかかわるさまざまな設計を行い，
それをドキュメントとして作成する。プレプロダクション段階で作成されるド
キュメントは**図2.7**のように，**企画書，シナリオ，デザイン，設定，絵コンテ**
などが挙げられる。ゲームなどプログラムが含まれるコンテンツの場合は，こ
れに加えて**仕様書**などが含まれる。

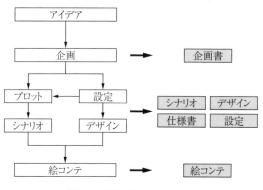

図2.7　プレプロダクション

3章ではシナリオ，4章以降ではキャラクターメイキングとしてデザインや
設定に触れるので，ここではこれ以外の事項を中心に解説する。

2.2.2 企　　　画

〔1〕 **企画書とは**　　企画はさまざまなアイデアをもとに，コンテンツの内容や制作の計画を決める工程である。企画の工程はコンテンツ制作における最初のドキュメントづくりであるといえる。企画書をもとに**出資者**(スポンサー)や**上映・放映・流通手段**，スタッフを募る。企画書をもとにプレゼンテーションし，採用されて初めてコンテンツ制作が実現する。

　企画書はいわば，コンテンツの上流段階における，仕様書のような位置付けを持つ。企画内容に同意して，コンテンツに参加した関係者に対しての約束でもある。そのため，その後の工程では企画書の企画内容や企画意図に沿って制作が実行される。企画段階から変更になる要素も多くあるが，そうした場合には企画書の内容を変更し，重要な項目については同意を得ておく必要がある。

　プロデューサーはビジネスとしてコンテンツの企画を成立させるには，出資者を集め，スタッフを確保しなければならない。そのためのドキュメント作りである。

〔2〕 **企画書を書くための訓練**　　世の中には数多くの企画に関する良書がある。そのため本書では詳細については触れない。企画は企画そのものを作ることが最終目的ではない。そのため，企画書単体が優れていても意味はない。そのときのクライアントやパートナー，社会情勢などありとあらゆる要因により企画が成立しており，その成立理由もさまざまである。したがって数ある良書の中には異なる主張もある。そのため，答えがあると考えて鵜呑みにするのではなく，自分が納得する書籍を読むのが最も良い訓練方法の一つである。そして疑問を持つならば，別の書籍や疑問を解決するような事例を調べてみるとよい。以下は筆者が学生から質問を受けたときに共通に回答する内容である。

─── ＜必要な訓練！＞ ─────────────────
・**刺激を受ける**
　　コンテンツを見る，体験する，感じること。特に多様な分野のものに
　　視野を広げる。

- **良い表現を覚え込む**

  最初はまねでも構わないので手を動かして複製し自分の中で消化，自分のスタイルにする。

- **ニーズを把握する**

  人を説得させる，同意させるために根拠としての状況を知る（社会状況，トレンド）。

- **書いてみる**

  考えるだけではなく，つねに生み出すこと。反復訓練。

- **必要事項は網羅する**

  情報が欠けていては判断ができない。まずは必要事項は必ず考えて網羅することを意識する。そしてフォーカスするところを絞る（かっこ良い企画書のまねをするだけではだめ）。

- **見せる**

  最初から優れた企画者はいない。多くの人に見せて意見をもらうことが大切

〔3〕　**企画書の構成要素**　　例として，比較的共通性の高い「リニアコンテンツ」の企画書の構成要素について述べる。ここに書かれた内容がすべてではなく，また，すべてをつねに含んでいるというわけではない。こうした要素について考える必要があるという点から列記する。

＜構成要素＞

1）タイトル，2）概要，3）企画意図，4）企画内容，5）制作スタッフ・キャスト，6）制作費用，7）制作計画，8）収支計画，9）付帯資料

1）　タイトル　　コンテンツをひとことで表す言葉であり，企画書の表紙を飾るアイデアが集約されたものである。**商標登録**などの観点から他のコンテンツと差別化することが大事であり，造語を積極的に利用する。良いタイトルが浮かばないものは面白くない，特色がないといえる。

2）　**概　　　要**　　コンテンツの基本情報の一覧にしたものである。この概要を見れば全体像や作品の仕様が理解でき，企画書全体を読むべきか否かの判断もできる。

```
┌──<概要に必要な項目>──────────────
│ ・タイトル
│ ・原作，脚色，脚本
│ ・制作手段（アニメ，実写）
│ ・尺や容量（90分，DVD2枚組み）
│ ・内容の分類（形式，タイプ，ジャンルなど）
│ ・対象者（年齢，性別など）
│ ・利用形態，目標（放送予定局，会場，販売・流通形態など）
│ ・制作主体者（製作，原案，制作）
└────────────────────────────
```

3）　**企画意図**　　企画意図はコンテンツを制作する目的と意義である。なぜプロデューサーとしてそのコンテンツを作りたいのか，そして，コンテンツを制作することによるさまざまな面での効果や影響は何なのかを主張する必要がある。それは多くのコンテンツがある中で，なぜ，このコンテンツが必要なのかを示すことでもある。

　重要なのは意気込みとロジックである。多くの企画では「作りたい」とか「面白い」という意気込みやコンテンツとしての面白さは多くの企画書も言及している。しかし，コンテンツの中身が良いのは当然として，「これだから売れる」という企画を実現させるロジックをしっかりと持つ企画に仕上げることが大事である。

　当たり前のことばかりであるが，制作に必要な費用に対して，十分な収益が期待できることが基本である。そのためにはそれだけの本数（損益分岐点）以上の売り上げることができるロジックが重要である。もちろん，費用をかければ分岐点は上がるため，費用が増えればそれだけ売上げも期待できるものにする必要がある。そのためにはそれだけの数の「ターゲットユーザー」がいるこ

とを具体的に示す必要がある。「○○が好きなユーザー」や「XX をしている
ユーザー」など，さまざまな表現があるが，そのターゲットユーザーは何人い
るのか，過去の類似作品の売上げデータなどの統計データから試算，推定す
る。

4）　企画内容　　企画内容ではコンテンツを構成する要素を紹介する。
企画内容は制作するコンテンツによって，力を入れる部分も異なる。また，企
画書の初期段階では素材が少ないため割愛されているケースもある。企画書に
掲載する企画内容について下記に挙げる。途中段階のものでもサンプルを提示
することで企画のイメージをより明快に持ってもらうこともできる。

> **＜企画内容の項目例＞**
> ・設定（キャラクタや環境，時代考証）
> ・ストーリー
> 　（ゲームの場合ジャンルによっては省略したり最小限にとどめ
> 　ることも多い）
> ・キャラクタ（デザイン）
> ・フローチャート（ストーリー展開，相関関係，画面遷移）
> ・システム，インタフェースなど（ゲームの場合）

5）　制作スタッフ・キャスト　　その作品に参加するスタッフとキャスト
とその役割について記載する。企画書に書かれたコンテンツを具現化するだけ
の制作力や，企画意図を満たすだけの求心力のあるキャストがいるということ
を示す。その際には，必要に応じてこれまでの代表作などを入れる。すべての
スタッフやキャストについて記載するのではなく，主要なものだけをまとめ
る。

> **＜主要なスタッフの例＞**
> ・プロデューサー
> ・ディレクター
> ・演出

・撮影者

・脚本，脚色

・キャラクターデザインなど

・音楽，音響

・キャスト（声の出演も）

6） 制作費用　　詳細は1章で述べているので割愛するが，制作にかか
る費用についてである。この項目については，どのレベルまで企画書に載せて
説明するかは，企画書を見せる相手によって異なる。当然，駆引きも存在す
る。この段階では，あくまで試算レベルであることが多く，多すぎると企画は
不採用，少なければ制作会社は赤字になるか制作自体が頓挫する。

＜製作（制作）費用の例＞

・場所（賃貸料，建設償却費，設備償却費，光熱費）

・機材（購入費，リース費，償却費）

・人件費（日当，月給，年棒，出来高，プロジェクトベース）

・技術（開発費，メンテナンス費，ロイヤリティ）

・運営費（通信費，交通費，資料費，打合せ費）

・企画（譲渡費，ロイヤリティ）

7） 制作計画　　コンテンツはいつ販売（上映）するのかも重要である。
そのため全体の制作スケジュールを示す。もちろん，企画段階の初期では販売
（上映）時期だけの計画からスタートする。そして，その後は制作内容の項目
化とそれぞれの詳細について記載できるようになる。制作計画も企画書を見せ
る相手によってその内容を調節する項目であるといえる。

＜制作計画のために必要な項目の例＞

・それぞれの制作期間と開始時期（スケジューリング）

・かかわる人数（スタッフィング）

・使用する機材やスタジオなど

・個々の工程の費用

8）収支計画　収支計画も詳細は1章で述べている。制作全般にわた
る支出とコンテンツ活用によって得られる収益の計画を示し，必要な制作費の
妥当性を示す。

> ── **＜収支計画の項目例＞** ──
>
> 支出
> 　・制作費
> 　・宣伝広告費
> 　・運用経費
> 収益
> 　・一次利用権料
> 　・二次利用権料（他メディア展開など）
> 　・商品化権料（マーチャンダイズ商品など）

9）付帯資料　企画書は構成要素が欠けている（あえて削っている）
ケースや受託制作などで，すでに先方で企画書を作っているため必要としない
ケースもある。本項では一般的な企画書について解説したが，フォーマットに
とらわれず目を引く構成にする必要がある。さらに重要なことは，企画が承認
されることである。

2.2.3　シナリオ

シナリオについての詳細は3章で触れるため，ここではその役割などについ
て簡単に示す。映像コンテンツにとってシナリオはコンテンツが最終的な形と
して設計される最初の成果物である。企画内容が具体的に時間軸に沿って整理
される工程である。リニアコンテンツでは最も重要といってよい工程であり，
ゲームなどの場合はジャンルによっては重要視されなかったり，形式がまった
く異なることもある。

　映像コンテンツでは作品の時間全体意識して，視聴者の興味を集めなければ
ならない。「かっこいい映像」「すごい特殊効果」「素晴らしい音楽」などは映
像コンテンツの一部である。作品全体を構成し，視聴者を満足させるための設
計をする必要がある。筆者らのチームが東京工科大学で研究してきた内容は，
産業界でも利用されている。

2.2.4　デザイン・設定

　デザインや設定については 4 章以降で詳しく解説する。コンテンツを制作す
るにあたり，その世界を表現するためにはさまざまなビジュアル面での設定や
ロジック面での設定が必要になる。それらを行う工程がデザインや設定であ
る。代表的なデザイン項目はつぎの通りである。

＜代表的なデザイン項目＞

・プロダクションデザイン

　　全体像をデザインする

　　時代背景，人間関係，雰囲気，世界観など

・キャラクターデザイン

　　外見（髪型，体系，衣装），年齢，性別，性格，表情，動き方など

・環境・舞台デザイン

　　外見，仕組み，物語の世界の位置付け

・アイテムデザイン

　　外見，仕組み，性能

・メカデザイン

　　外見，仕組み，性能

2.2.5　絵　コ　ン　テ

　絵コンテは，映像コンテンツの中でもアニメーションや CG，実写との合成
や特撮などで重要な設計要素である。実写のドラマの場合は重視されないケー
スもある。欧米ではこれに近い役割を持つものに**ストーリーボード**がある。

　絵コンテでは，時間軸と画面の構図を同時に設計する。特にアニメーションにおいては，絵コンテ以降では時間軸の変更については慎重に行う。アニメーションやCGなどの「創る」映像では，作業指示した分の映像しかできあがってこない。実写であれば現場での演技の関係もあり，若干の尺の長短が発生することは織り込み済みである。しかし，アニメーションでは指示を受けたスタッフが，勝手に尺を伸ばしたり，縮めたりすることはない。実写のプロダクション段階の現場はスタッフが集結する集団作業であり，その現場で確認することができる。

　一方でアニメーションやCGのプロダクション段階の現場は分業である。もちろん，最終的にチェックした結果修正をするケースもあるが，一つひとつのショットを現場でそのつど合わせるわけにはいかない。

　絵コンテでは，絵により**構図**とキャラクタやカメラの動きを設計する。絵コンテで描く絵は，構図とキャラクタやカメラの動きが把握できるものであればよい。絵だけでは説明が難しいものについては文字や脚注を用いて説明する。時間軸の設計では，その**ショット**（カット）の秒数，コマ数，動作の時間（キャラクター，カメラなど）を記載する。

　絵コンテ制作やアニメーションなどの場合は，のちの**レイアウト**制作の際に重要になるポイントについて挙げる。

　1）　**アニメーションにおいてはカメラの構図に制約がない**　　特に2Dの手描きアニメーションの場合は**パース**を誇張して，表現として極端な構図を設計することもできる。

　2）　**映像の基本ルールを考慮する必要がある**　　**連続性**や**イマジナリーライン**など編集の決め事を理解し，作業しなければならない。また**ショットサイズ**など構図に対する知識がなければうまく作れない。

　3）　**アニメーションやCGではキャラクターの魅力も演出する**　　実写の俳優が個人的に持つ魅力はアニメーションやCGキャラクターにはない。その固有な動きもすべて設計して作る必要がある。キャラクターの設定に応じた特徴を再現するのが難しい。

4)　アニメーション，CG 独特の時間軸　　アニメーションや CG においては時間軸に制約がなく，1 秒の出来事を 10 分かけて描写するのも，逆に長い出来事を省略して描写するのも容易である。これを実写で行う場合は，高速度カメラやマシンガン撮影などの設備と技術と費用が必要である。一方で，アニメーションや CG では時間軸に対する考え方を設計しないとうまく作れない。俳優とディレクター，視聴者が持つ絶対的な時間感覚をアニメーションのキャラクターは持っていない。そのため，「普通に歩く」の普通もすべて設計する必要があるし，自然現象を表現する際でも観察し，ディレクターが動きや時間軸を制御し，スタッフに明確に指示しなければならない。絵コンテのサンプルを**図 2.8** に示す。

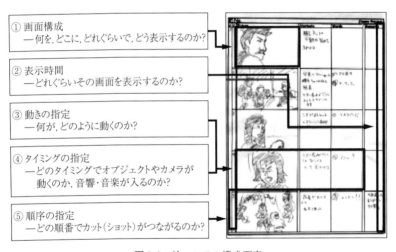

図 2.8　絵コンテの構成要素

5)　ビデオコンテやプレビジュアライゼーション　　紙に描いた絵コンテではなく，コンテを映像として作ることでより理解度を深めることができる。絵コンテをスキャンして時間軸に合わせてつないだものや，ラフな 3D モデルをもとに作成するものなどさまざまな方法がある。

プレビズ（pre-viz）とは，基本的にはプロダクション段階以前の視覚化全般を指す言葉（**アニマティクス**と呼ばれることも多い）である。現在は，

3D-CG のラフモデルを利用したシミュレーション映像のことを示すことが多い。特に 3D-CG アニメーションの場合は，理論上レイアウトデータやカメラデータをプレビズから本番のシーンへ再利用できるため，親和性が高い。

演 習 問 題

〔2.1〕 既存の作品の「企画書」を，自分がプロデューサーになったつもりで作成しなさい。

〔2.2〕 オリジナルの作品の「企画書」を作成し，プレゼンテーションしなさい。

〔2.3〕 既存作品のシーンを選び，そのシーンの「絵コンテ」を作成しなさい。

〔2.4〕 自分のオリジナル作品の「絵コンテ」を作成しなさい。

3章 シナリオライティング

◆ 本章のテーマ

　本章ではコンテンツ創作の重要な一端を担うシナリオについて述べる。シナリオは，映像制作工程において完成形となる「尺を持った映像」を設計する最初の工程である。企画やアイデアなどを限られた時間表現の中でどのように伝えるのか創作する部分である。本章を理解することで，コンテンツ制作の根幹ともいえるシナリオやストーリーの創作手法や評価手法の基礎を身に付けることができる。

◆ 本章の構成（キーワード）

3.1　シナリオとは

　　　シナリオの大構造，筋立て，描写，シナリオの外的構造，内的構造，3幕構成，13フェイズ，アウター2ベクトル，バックストーリー，メインストーリー，サブストーリー，エピソード，リマインダー

3.2　シナリオライティング手法

　　　Sプロット，Mプロット，Lプロット，フルプロット，フルフェイズプロット，ミザンセーヌ，準備稿，完成稿

3.3　シナリオ執筆支援システム

　　　バイステップ手法，構造化シナリオ，Webアプリケーション

3.4　シナリオの評価

　　　構造分析，内容分析，通読評価，ドラマカーブ

3.5　シナリオ情報の可視化

　　　配色タイムライン，相関図，力学モデル

◆ 本章を学ぶと以下の内容をマスターできます

☞　映像コンテンツ制作におけるシナリオの重要性

☞　段階的なシナリオの制作手法

☞　シナリオの評価手法

☞　シナリオ執筆支援システムによる実際の執筆

3.1 シナリオとは

3.1.1 シナリオの大構造

シナリオの役割については，すでに2章で紹介した。本章ではそのシナリオを制作する手法について述べる。

シナリオを制作する指南書は数多く存在する。それらには多くの共通点がある一方で，各研究者や著者が独自の視点で解説している[1]~[4]。本書では，筆者が研究に参加していた，金子や金子の研究から発展した沼田らの書籍[5],[6],[7]を参考に，重点的な内容を紹介する。

シナリオは**発端**，**展開**，**結末**の3幕により構成されている。そして，それらの尺はおおよそ1:2:1の比率となっている。シナリオの構造などでは，本書のように3幕で構成する「序・破・急」の考え方のほかに，「起・承・転・結」の4幕でとらえる考え方もある。3幕構成のうち「展開」部分が長いが，ちょうど真ん中で二つに分けることができるため，3幕構成でも4幕のうちの真ん中二つが結合していると考えると，おおよそ同じ考えであることがわかる。

3.1.2 筋立てと描写

シナリオの書式に合わせてシナリオを描く場合には，具体的な場所や時間帯，登場人物の発言と行動と舞台の情景を示す必要がある。しかしこれらは最終的なアウトプットの形にほかならない。

作品としてのシナリオには，**筋立て（ストーリー）**と**描写（テリング）**の二つの側面がある。この作業はじつはまったく別の作業であり，これら二つを時として同時に，時として並行して考えていく必要がある（**図3.1**）。

筋立ては作品の中でストーリーの流れを考えていくことである。テーマをもとに**プロット**を考え，どのような出来事を発生させるのかを考えていく。これに対し描写は具体的にシーン単位で，どのようなことが起きるのかを具体的に描写することである。その描写のフォーマットが**図3.2**のフォーマットとなる。

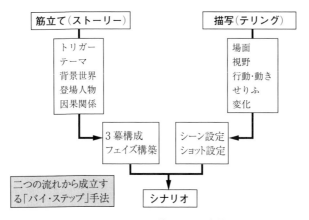

図 3.1　シナリオが持つ二つの大構造

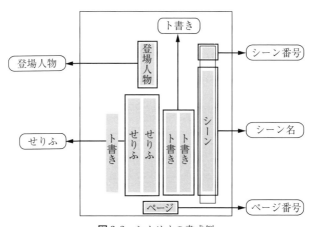

図 3.2　シナリオの書式例

3.1.3　満足感のある作品を生み出すために（シナリオの外的構造）

　シナリオを制作するうえで，まずはその完成品となる映像作品を外側から分析する。先にも述べたように，映像コンテンツは必ず何らかの役割を持って作られており，その役割を十分に担うことができたときに，視聴者に満足感を与えることができる。そうした満足感を与える作品に共通の外的構造を示したものが，**図 3.3**である[7]。

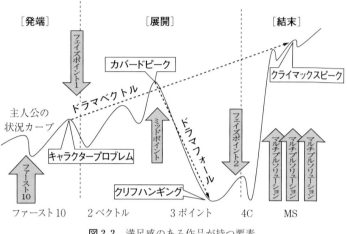

図 3.3　満足感のある作品が持つ要素

　作品の中で，ストーリーは主人公の日常生活や主人公の世界の中での通常の状態から始まる。そこで，何らかの事件や事故に巻き込まれ，それを解決するために行動する。解決にあたり，そのまま順調に解決するのではなく，途中で大きな転機が訪れ，さらに悪い状況に追い込まれる。そしてそこから這い上がり，最後は目的を達成する。

　こうした作品の展開において重要なのは，**ファースト 10** と呼ばれる作品の導入部分のさらに導入である。作品全体の 10 ％程度の尺の間に，主人公や主要な登場人物，背景世界，そこで起きる問題，主人公の行動の理由などを明確に示す。これにより，その後の作品の展開を予測させ，理解させ，そして裏切るのである。

　こうした作品には，主人公の外的な状況を大きく二つのベクトル（アウター 2 ベクトル）で表現ができる。当初の課題から解決に向けて進んでいく**ドラマベクトル**と，中間地点にあるかりそめの成功から転落していく**ドラマフォール**である。

　主人公の内的な特徴となる点（インナー 4C）もある。ドラマベクトルが始まる地点が，キャラクターが問題を抱え解決を始める**キャラクタープロブレム**（character problem），終わる地点が解決する**クライマックスピーク**（climax

peak）である。ドラマフォールが始まる地点が，かりそめの到達点である**カ
バードピーク**（covered peak）である。この到達点が真の到達点ではなく，引
き落とされた地点が**クリフハンギング**（cliff hanging）である。こうした主人公
の状況の変化を起こすために三つのポイントがある，主人公の抱える問題であ
る**キャラクタープロブレム**を明快にし，「発端」から「展開」へ切り替わるポ
イントを**フェイズポイント1**とする。また，かりそめの到達点において状況が
反転するポイントを**ミッドポイント**と呼ぶ。「展開」から「結論」へ切り替わ
るポイントは同様に**フェイズポイント2**とする。また，主人公やさまざまな登
場人物の問題を解決していく結末の部分は**マルチプルソリューション**とする。

3.1.4　確かなシナリオにするために（シナリオの内的構造）

　満足感のある作品のための外的な構造は先に示した。では具体的にそうした
印象を与えるシナリオを作るためにどのようにシナリオを設計していくか，そ
の内的構造について述べる（**図 3.4**）。それぞれの要素の細かな説明は，3.3 節
以降で具体的な作成の中で述べる。

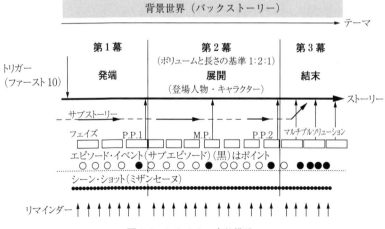

図 3.4　シナリオの内的構造

〔1〕 **ストーリー要素**

1） **バックストーリー**　作品が展開される舞台全体のストーリーである。時代設定や社会環境などに付随した事件や出来事などがこれにあたる。

2） **テ　ー　マ**　その作品を通じて視聴者に訴えかけたいテーマ。バックストーリーと同様，シナリオの構造の背景に必ず存在する。

3） **3 幕 構 成**　シナリオの基本構造として先述した，発端，展開，結末，の3幕を1:2:1の時間配分を想定した構造である。

4） **ストーリー（メインストーリー）**　登場人物のうち主人公が主体のストーリーであり，作品の流れである。

5） **サブストーリー**　登場人物のうちサブキャラクターや敵対者など主人公以外のストーリー。登場人物同士や出来事との因果関係を示すために不可欠である。

6） **トリガー（ファースト 10）**　作品の最初の10％までの間に，主要な登場人物や問題を提示し，視聴者を作品に引き込み，ストーリーをスタートさせるきっかけである。

7） **フェイズ（局面）**　フェイズは作品全体の局面を大きなくくりで設計したものである。金子らは作品分析の結果，多くの作品には共通して13のフェイズが存在していると述べている[5]。フェイズは3.2.1項の主人公の状況カーブや二つのベクトルと密接な関係があり，これらを生み出すために不可欠な概念である。

8） **エピソード・イベント（サブエピソード）**　作品の展開には必須ではないものの，作品を特徴付けたり，説明するために挿入することができる。ストーリーやサブストーリーと同じ構造を持つが，役割が異なる。主人公にかかわるものはエピソード，そのほかの登場人物にかかわるものはサブエピソードである。

〔2〕 **テリング要素**

1） **シーン・ショット（ミザンセーヌ）**　シナリオ作成では，最終的なアウトプットは書式に沿ってシーンを記述し，準備稿，決定稿を経て完成する。

シーンの設計には場面や視野（画角），行動，動き，せりふ，変化が記述される。シーンは複数のショットによって構成される。シーン全体の演出などを総称して，**ミザンセーヌ**（mise-en-scene）と呼ぶ。3.1.3項の各種ポイントをどのように場面として記述するか構成する。

2）リマインダー　　リマインダーは作品を印象付ける表現である。シナリオ段階で特徴付けるもの以外にも，プロダクション段階の演技で付与するものやポストプロダクション段階で音楽やVFXにより実現するものもある。

映像コンテンツにおけるシナリオは，時間軸がリニアに展開されるため，後戻りができない。また，原則として多くの人に同時に視聴してもらい理解してもらうため，人をひきつけるだけでなく，十分理解可能で納得のいく内容にする必要がある。そのため，このような内的な構造を意識しながらシナリオを作成する必要がある。

内部構造を意識しないで，気の向くままに書いていく作業はじつに楽しいかもしれない。しかし，商用コンテンツである以上，視聴者に満足を与える作品を生み出す必要がある。そのため，きちんとした構造を持ったうえで，作品としての独自性や創造性を発揮すべきである。

本節の構造で出てきた用語を整理すると**図3.5**のようになる。

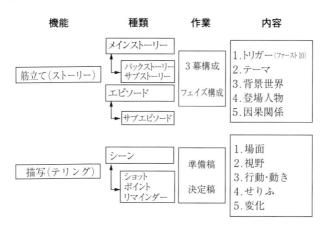

図3.5　シナリオの内容を構成するための素材と用語

3.2 シナリオライティング手法

　本節では，前節で紹介した構造を持ったシナリオを，いかに段階的に作成していくのか述べる。**図3.6**にシナリオができるまでの途中成果物と作業内容のイメージを示す。

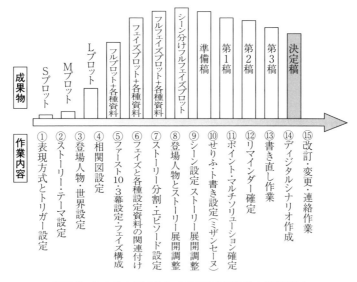

成果物

| Sプロット | Mプロット | Lプロット | フルプロット+各種資料 | フェイズプロット+各種資料 | フルフェイズプロット+各種資料 | シーン分けフルフェイズプロット | 準備稿 | 第1稿 | 第2稿 | 第3稿 | 決定稿 |

作業内容

① 表現方式とトリガー設定
② ストーリー・テーマ設定
③ 登場人物・世界設定
④ 相関図設定
⑤ ファースト10・3幕設定・フェイズ構成
⑥ フェイズと各種設定資料の関連付け
⑦ ストーリー分割・エピソード設定
⑧ 登場人物とストーリー展開調整
⑨ シーン設定 ストーリー展開調整
⑩ せりふ・ト書き設定（ミザンセーヌ）
⑪ ポイント・マルチソリューション確定
⑫ リマインダー確定
⑬ 書き直し作業
⑭ ディジタルシナリオ作成
⑮ 改訂・変更・連絡作業

図3.6 シナリオができるまでの途中成果物と作業内容

　図3.6において，成果物の棒の高さは，文章量や資料の量に比例している。当初は非常に少ない物量だが，登場人物や世界設定が加えられる**Lプロット**，それらの相関関係が加えられる**フルプロット**では，情報量が飛躍的に増える。シナリオを執筆する工程を解説するにあたり，アウトプットである成果物を中心に作業内容を解説する。その中で，これまでに論じてきた「ストーリー」と「テリング」の要素に加え，それらを補助する「各種資料」の三つに分けながら解説していく。

3.2.1　Sプロット，Mプロット

S プロット（ショートプロット），**M プロット**（ミディアムプロット）は，ともに少ない文字数により，作品のおおまかなストーリーを考える工程である。S プロットと M プロットの構造とテンプレートを**図 3.7** に示す。

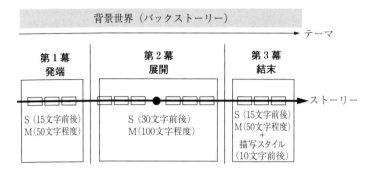

図 3.7　S プロット，M プロットの構造とテンプレート

　それぞれ，バックストーリーとテーマ設定を意識しながら 3 幕構成で記述する。S プロットは 15 文字，30 文字，15 文字の文章によりストーリーを表現し，描写スタイルを明らかにする。描写スタイルとは「恋愛ラブストーリー」，「ヒューマンドラマ」といったような作品をどのようなスタイルで描写していくかを示すものである。M プロットは 50 文字，100 文字，50 文字の 3 幕構成と描写スタイルで構成される。文字数的には S プロットから M プロットを記載する流れであるが，実際に学生らに課題を課した際に「短い文字数では表現しにくい」といった意見も多くあった。そのため，S プロットと M プロットを同時に作成したり順序を逆にする方法もある。S プロットは企画書やボトムコピーなどにもつながる，作品を短く表現するものである。そのため，M プロットから先に作っても必ず S プロットも作成しておく。

　〔1〕　**ストーリー（メインストーリー）**　　主人公がストーリーを進めていく流れである。作品には多くの登場人物が登場する。S プロットでは行動そのものの**発端（トリガー）**と結末に加え，描写スタイルでテーマを表現するぐらいしか書くことができない。M プロットでは，主人公がストーリーの中でど

のような行動をし，どのような出来事に遭遇するのか，テーマも含めてストーリーの流れを設計する。

〔2〕 **トリガー**　トリガーとは，これまで主人公やその周辺にあった日常に大きな変化が訪れ，何らかの行動を起こさねばならなくなる状況のことを指す。トリガーには社会状況や周辺状況のさまざまな変化が考えられる（**図3.8**）。

┌─────── トリガーとはこれまでの状況が急激に変化すること ───────┐

社会状況　　争い，戦争，革命，経済不安，…

人的状況　　愛憎感情，経済，事故，死，成長，入学，卒業，結婚，…

変化状況　　明暗，起伏，強弱，富貧，生死，多少，…

└──┘

図3.8　トリガーを構成する要素

〔3〕 **テ ー マ**　その作品を通じて視聴者に訴えかけたいテーマを持つ必要がある。テーマにはいろいろな階層が考えられる（**表3.1**）。テーマ設定は，企画段階の検討も十分に反映される必要がある。ターゲット層や予算規模，媒体などさまざまなビジネス的要素に加え，作品としての独自性や特徴などを出す必要がある。この要素はシナリオ執筆段階の初期から考慮しておく。

表3.1　テーマの例

階　層	テーマ
制作意図から	制作費，スタッフ，キャスト，時間，目的，動機
ストーリーから	筋立て，ジャンル
設定の特色から	欠陥，欠点，問題点，秘密
演出意図から	主張，個性，生き方，感じ方

3.2.2 Lプロット，フルプロット

LプロットはSプロット，Mプロットと同様に文字数の制約を持つプロットである。同様に3幕構成で記述し，400〜800文字，800〜1600文字，400〜

800 文字の 3 幕構成になる。文字数に幅があるのは，L プロットからはバックストーリー（背景世界設定）や登場人物設定が入ってくるため，作品によってはある程度文字数がないと説明ができないためである。これに対し，**フルプロット**はそうした文字数の制約がなく，作品全体のストーリーの流れを示すものになる。

〔1〕　**登場人物設定**　　作品に登場する登場人物のリストを作り，登場人物の細かな設定をする。登場人物は，金子らの研究[5]では 7 種類の基本型が提示されている。それら 7 種類のキャラクターに対し，それぞれ六つの種類の情報を設定する。その例を**図 3.9** および**表 3.2** に示す。なお，登場人物（キャラクター）は 7 種類が基本とウラジミール・Я．プロップはいっているが，学術研究としての追試は行われていない。

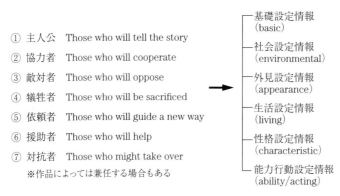

① 主人公　Those who will tell the story
② 協力者　Those who will cooperate
③ 敵対者　Those who will oppose
④ 犠牲者　Those who will be sacrificed
⑤ 依頼者　Those who will guide a new way
⑥ 援助者　Those who will help
⑦ 対抗者　Those who might take over
※作品によっては兼任する場合もある

→ 基礎設定情報（basic）
社会設定情報（environmental）
外見設定情報（appearance）
生活設定情報（living）
性格設定情報（characteristic）
能力行動設定情報（ability/acting）

図 3.9　7 種類の基本キャラクターと 6 種類の設定情報

表 3.2　認定情報とその内容

設定の種類	内　　容
基礎設定情報	名前，性別，年齢，あだ名
社会設定情報	生まれ，家族構成，職業
外見設定情報	大きさ，太さ，服装，髪型，表情
生活設定情報	習慣，趣味
性格設定情報	自分に対する性格，他人（強いもの，弱いもの）に対する性格
能力行動設定情報	身体能力，頭脳，特殊能力

　キャラクターについての詳細は，4章でも触れるためここでは簡潔に述べる。7種のキャラクターは，それぞれストーリーを進行させて変化するグループ（**主人公，協力者**）と，ストーリーの原因を作るグループ（**敵対者，犠牲者**），ストーリーを変化させるきっかけを作るグループ（**依頼者，援助者**），さらには主人公に対抗して消えていく**対抗者**グループがある（**図3.10**）。それらのグループは作品の時間軸上に登場しては消えていく。また，場合によっては当初敵対者であったものが協力者になったり，依頼者が敵対者になるなど，変化することもある。

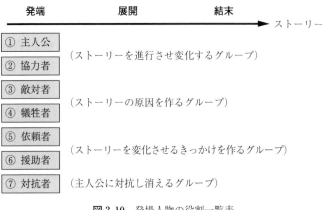

図3.10　登場人物の役割一覧表

〔2〕　**バックストーリー・背景世界設定**　　ストーリーが展開される舞台には何らかの設定がある。史実に基づいた作品が一番想像しやすく，その時点での時代背景や出来事などがまさにそれにあたる。主人公やその周辺を取り巻くストーリーは当然シナリオに描くものだが，主人公の周辺の状況や行動は，その背景世界に何らかの影響を受けたり与えたりする。そうした世界をきちんと定義しなければならない（**図3.11，図3.12**）。

　背景世界にかかわる情報としては，**表3.3**の4種類が挙げられる。

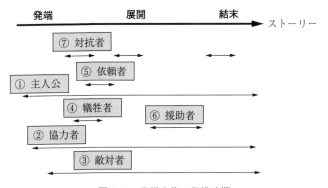

図 3.11 登場人物の登場時期

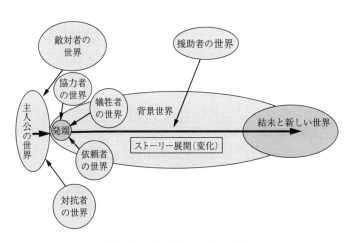

図 3.12 バックストーリー設定

表 3.3 背景世界設定にかかわる情報

情報の種類	内 容
非属人的情報	時代, 場所, 周囲の生活環境, 社会
属人的情報	登場人物の生活環境, 職業, 他の登場人物との相互関係
総合情報	事件, 出来事
特色情報	欠点, 欠陥, 問題点, 秘密

〔3〕 **相関関係** 登場人物と背景世界の設定だけでは，ストーリーは進展しない。登場人物同士やその背景世界のさまざまな事象が作用して初めてストーリーが進展する。そのためにも，相関関係の設計がきわめて大事である。

図 3.13 には登場人物の相関の例を示す。

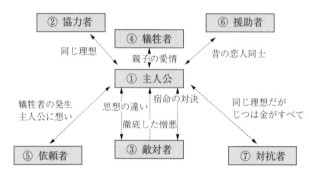

② 協力者　④ 犠牲者　⑥ 援助者

同じ理想　親子の愛情　昔の恋人同士

① 主人公

犠牲者の発生　思想の違い　宿命の対決　同じ理想だが
主人公に想い　徹底した憎悪　じつは金がすべて

⑤ 依頼者　③ 敵対者　⑦ 対抗者

図 3.13 主人公を中心とした登場人物相関図（例：ハムレット）

3.2.3 フェイズプロットからシーン分けフルフェイズプロット

〔1〕 **フェイズ設計** **フェイズ**は 3 幕構成に加えて，大きな構造となるものである。13 の局面を持たせることで作品に飽きることなく，視聴者をひきつけることができる。13 フェイズは，3.2.1 項の主人公の状況カーブや二つのベクトルと密接な関係があり，これらを生み出すために不可欠な概念である。**図 3.14** に 13 フェイズの例を示す。13 フェイズは第 1 幕に三つ，第 2 幕に七つ，第 3 幕に三つ存在する。**静的ストーリー**とはヒューマンドラマや恋愛もの

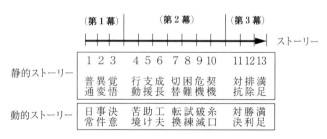

（第1幕）　（第2幕）　（第3幕）

ストーリー

| | 1 2 3 | 4 5 6 7 8 9 10 | 11 12 13 |

静的ストーリー　普異覚　行支成　切困危契　対排満
通変悟　動援長　替難機機　抗除足

動的ストーリー　日事決　苦助工　転試破糸　対勝満
常件意　境夫　換練減口　決利足

図 3.14 13 フェイズの例（筋立て（ストーリー・エピソード）を変化させるキーワード）

など，落ち着いた場面構成で制作される作品を指す。一方，**動的ストーリー**は
アクション作品やファンタジーなど，動きの激しい作品を指す。名称は異なる
ものの原則として，各フェイズの内容は同じである。

　図 3.15 は現実世界の静的な作品における 13 フェイズの構成例であり，**図
3.16** はファンタジー系作品の 13 フェイズの構成例である。各フェイズに図の
ガイドラインに示された文字数で，それぞれのフェイズを説明することでフェ

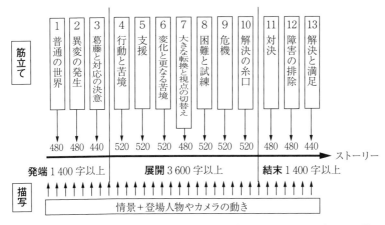

図 3.15　ロングプロットからフルプロットへの共通ガイドライン（リアル系）

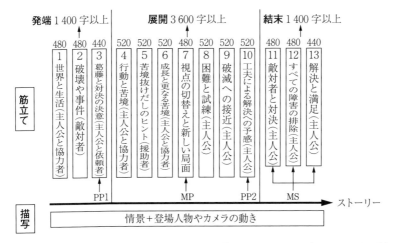

図 3.16　ロングプロットからフルプロットへの共通ガイドライン（ファンタジー系）

イズプロットが完成する。

それぞれ，フェイズ3にフェイズポイント1（PP1），フェイズ7にミッドポイント（MP），フェイズ10にフェイズポイント2（PP2），フェイズ11，12，13にマルチプルソリューション（MS）が該当する。フェイズ3における主人公の決断がフェイズ11の対決に向かってつながる線が「ドラマベクトル」になる。第7フェイズから始まる外的要因による転落からフェイズ10の解決の糸口に至るまでの落ち込みが「ドラマフォール」となる。フェイズ7はこのドラマフォールが始まる「ミッドポイント」となる（**図3.17**）。

ファースト10	全体の10分の1：第2フェイズ[異変・事件]の中盤までに「ツカミ」となる「事件」と「主人公のキャラクター」が描かれていること。
2ベクトル 3ポイント	**1）ドラマベクトル** 　外的要因である「事件」に対して，第3フェイズ[覚悟・決意]で行った主人公の「究極の選択」PP1が，第11フェイズ[対決]に向くベクトルとなり，メインストーリーを貫いていること。 **2）ドラマフォール：** 　第1フェイズから始まる外的要因の転落を，第10フェイズ[契機・糸口]で主人公の「究極の選択」PP2で解決へ向かえる限界まで落とすこと。 　このベクトルが強く深いほど面白くなる。主人公のあがきも見せること。 **3）ミッドポイント：** 　ドラマフォールの開始点となるMPは，第6フェイズ[成長・工夫]が成功し，ドラマベクトルの終端であるクライマックスが見えなくなるほど，外部状況を好転させること。
4C	**1）キャラクタープロブレム：主人公の内面の問題** 　テーマである「変化」，主人公の内面の問題が第3フェイズ[覚悟・決意]までに，視聴者に伝わっていること。 **2）カバードピーク：かりそめの到達点** 　第1フェイズ[切替・変換]時に，第6フェイズ[成長・工夫]で小苦境から，脱出した達成感を出すこと，ここが強いと，ドラマフォールの効果が出る。 **3）クリフハンギング：主人公の絶望（最大の見せ場）** 　ドラマフォールの底で，主人公に絶望を感じさせること。 **4）クライマックスピーク：最終到達点** 　最後のクライマックスで主人公の内面の問題を解決させること。

図3.17　フェイズ分割によってドラマチックな展開を作る

　この13フェイズの設計を行うことによって，ストーリーに十分な抑揚が感じられるものになってくる。しかし，この時点ではあくまで主人公の行動による外的な変化と，主人公自身の内面の変化を直接的につないだものにほかならない。これをそのまま映像化すると，主人公以外の登場人物について表現することが困難になる。そこでつぎに，ストーリー分割・エピソード設定を経て，

ここまでできてきた流れを補足し，肉付けする。

〔2〕　**ストーリー分割，エピソード設定**　　ストーリーには，主人公中心の
メインストーリーのほかに，**図 3.18** のようにサブストーリーと背景設定の際
に述べたバックストーリーが存在する。

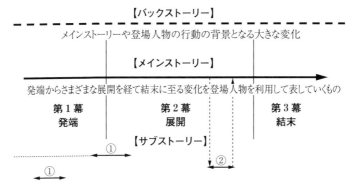

① メインストーリーの始まる以前から進展してメインストーリーや登場人物の理解を
　深めるもの
② メインストーリーの影響で変化し，またメインストーリーに影響を与えるもの

図 3.18　三つのストーリー

〔3〕　**メインストーリー**　　主人公に直接関連したストーリーをメインス
トーリーと呼ぶ。発端からさまざまな展開を経て結論へとつながる中心的なス
トーリーである。13 フェイズの 7 フェイズ目で「切替・転換」があることか
らもわかるように，導入や展開の途中まではサブストーリーであったものが，
メインストーリーに入れ替わることもある。

〔4〕　**サブストーリー**　　メインストーリーに影響を与えたり，メインス
トーリーから影響を受けて進展するストーリーのこと。サブストーリーはメイ
ンストーリー以前から端を発して，メインストーリーや登場人物の理解を深め
るものや，メインストーリーの影響で変化するものや，メインストーリーに変
化を与えるものなどがある。

〔5〕　**メインエピソード，サブエピソード**　　エピソードはストーリーやサ
ブストーリーとは異なり，ストーリーの展開には必須ではないものの，作品を

特徴付けたり，メインストーリーやサブストーリーの理解を促すための独立し
たものである。例えば，メインストーリーの進展には直接関係のない出来事の
中で主人公の性格を特徴付けたり，敵対者の攻撃性や残虐性を示すような出来
事を表現することなどが挙げられる。メインストーリーにかかわるものはエピ
ソード，サブストーリーにかかわるものはサブエピソードである。エピソード
を入れすぎることでメインストーリーやサブストーリーが薄くなってしまうた
め，使いすぎには注意する。**図 3.19** にこれらの筋立て構造を示す。

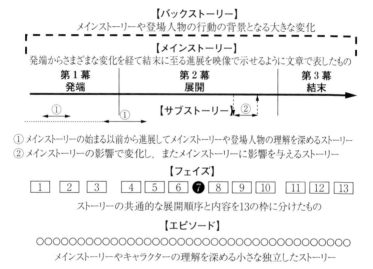

図 3.19　筋立て構造

3.2.4　準備稿から完成稿まで

　これまではストーリー中心の創作であった。準備稿以降の執筆では，シナリ
オの最終形態であるシーン単位の描写を行い，徐々にシナリオとしての体裁を
整えていく。シーンの定義を**図 3.20** に示す。

　シーンを実際に構築していく工程を**ミザンセーヌ**と呼ぶ。ミザンセーヌは，
それまで準備されてきたストーリー（筋立て）をもとに，表現するシーンを構
築し，それを**せりふ**と**アクション**によってシナリオ記述として集約する工程で

> **シーンとは**
>
> 同じ場所で,同じ時間の流れの中で展開し,通常登場人物ないしは
> オブジェクトが変化し,ストーリーを進行させる機能を持つ一つの場面
>
> **内容と長さ**
>
> それぞれ発端・展開・結末の基本構造を持つが,短い場合は展開と
> 結末だけの場合がある。
>
> **構成のタイミング**
>
> フルプロットを構成したあとに行う

図 3.20 シーンの定義と構成

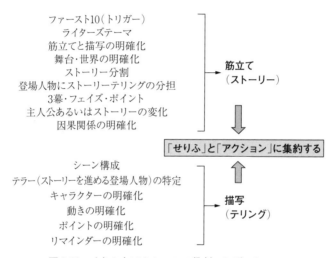

図 3.21 せりふとアクションの役割＝ミザンセーヌ

ある（**図 3.21**）。

ミザンセーヌ全体の流れは,まずフルフェイズプロットをもとにシーン分け
を行い,**シーン数**と**ショット数**を想定する。おのおののシーンの情景設定を行
い,人物やオブジェクトを配置し,動きやせりふを想定し,最後にショットを
想定する。ミザンセーヌの手順を**図 3.22** に示す。

一つひとつのシーンの作業としては,対象となるシーンを選択し,一連の場
所と時間の中で,どんなオブジェクト（登場人物,アイテムなど）を取り入れ

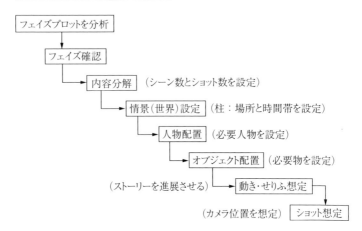

図 3.22 ミザンセーヌ（シーン構成）の手順

てどんな雰囲気を作るかを考える。そしてその舞台をどのような視野で見せ，そのシーンでどんな変化を与えるのかを考える。当然，シーンの中では具体的に動きが発生するので，どのように動かすかを記述する。これらの作業はいわば映像作品のショットを想定してシーンを構成していることを意味する。これらを**シーンナンバー，マスターショット・柱，ト書き，せりふ**によって表現するのがシーンの具体的な記述作業である。この作業がすべてのシーンに対して終了すれば，シナリオとして一通りの完成となる（**図 3.23 ～図 3.25**）。

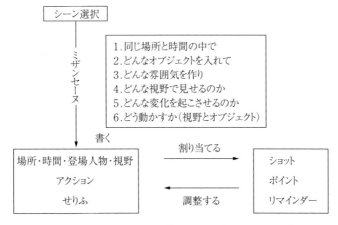

図 3.23 シーンを「せりふ」と「アクション」で構成する（その 1）

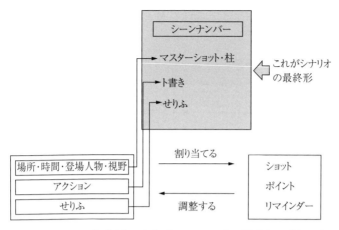

図3.24 シーンを「せりふ」と「アクション」で構成する（その2）

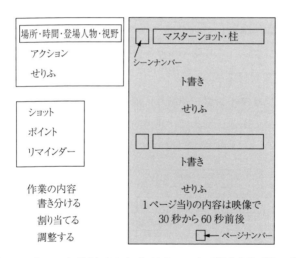

図3.25 シーンを「せりふ」と「アクション」で構成する（その3）

準備稿段階では，シーンの入替えなども多く発生させるため，シーン番号を確定させずに遂行する。そして，この準備稿を遂行し，第1稿，第2稿と修正し**最終稿**となる。

〔1〕 **ポイント** シーンを記述していく中で忘れてはならないのが**ポイント**の明確な設定である。第3フェイズのPP1，第7フェイズのMP，第10

フェイズの PP2, 第 11 フェイズ以降の MP を, シーンを記述していく段階で
明確に設定していく。

PP1 は, 導入部分の「究極の選択, 決意」である。ここで主人公の決意と目
的が明確になる。

MP ではそれまでの成長により, よくなってきた状況が一気に「転換」し,
苦境に陥る。そのため, 当初の目的を達成したかに思えるような印象を視聴者
に与える必要がある。

PP2 は, 展開部分の「究極の選択, 決意」である。ここで主人公が最終的な
「問題の排除, 対決」のための決意と方法論が明確になる。

MS では, これまでに展開してきたさまざまなストーリーに対して, 結末を
示していく必要がある。それぞれの登場人物や事件が抱えていた問題を解決
し, 視聴者の疑問を晴らしていく。

〔2〕 **リマインダー**   **リマインダー**は作品のさまざまな場所に散りばめら
れた, 作品を印象付ける表現である。リマインダーには**ポジティブリマイン
ダー**と**ネガティブリマインダー**があり, 前者が積極的に入れるもの, 後者があ
えて入れないものである。例えば, 暴力的なシーンや性的な表現をネガティブ

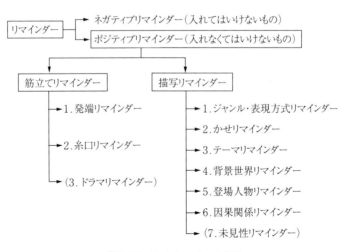

図 3.26 リマインダーの分類

リマインダーとして，一切入れないという設定もある。ポジティブリマインダーには，シナリオ段階で特徴付けるもの以外にもプロダクション段階の演技で付与するものやポストプロダクション段階で音楽や特殊効果（VFX）により実現するものもある。

　リマインダーは作品のテーマや背景世界，登場人物の設定などをつねに忘れずに視聴者に作品を理解してもらうために重要である（**図3.26**，**表3.4**）。

表3.4　リマインダーの想定

筋立	1.発端	フェイズ情報	ナレーション
	2.糸口	プロット情報	トリック／伏線／フラグ
	3.ドラマ	プロット情報	危機／「ドラマユニット」エピソード
描写	1.ジャンル 表現方式	企画書情報	アクション，コメディ，SiFi，ファンタジー，ホラー，… ミュージカル：歌と踊り，ミステリー：謎
	2.かせ	登場人物設定表	「不殺」「使わないアイテム」「禁酒」…
	3.テーマ	テーマ設定表	変化前描写／変化過程描写／変化後描写 キャラクターのアクション（インナー／アウター）
	4.背景世界	背景世界設定表	背景を見るだけで象徴する環境／プロップ／風習…
	5.登場人物	登場人物設定表	せりふ／アクション（多くは対比・象徴によって描く）
	6.因果関係	因果関係設定表	生き別れの親子・兄弟／宿敵／復讐…
	7.未見性	描写情報 背景世界設定表 …等	誰も見たことのない背景／設定／風習／プロップ／ クリーチャー／キャラ…（よくリサーチすること）

注）　特に第2幕でストーリーが発展し複雑さを増してきたところで，テーマや背景世界，登場人物などを忘れさせないように

3.3　シナリオ執筆支援システム

　本節では，これまで述べたシナリオ制作ワークフローをもとに作成した執筆支援システムについて紹介する[8]~[11]。なお，執筆支援システムであるシナリオエンジンは，Webアプリケーションの形で実装している。HTML5およびJavaScript等を用いてインタフェースを構築し，入力された情報はサーバ上のデータベースシステムに保存する。これにより，インターネットに接続できる環境があれば場所やデバイスを問わずシナリオの執筆作業を行うことができ

る。また，記述された内容を執筆上の工程と結びつけて保存することにより，のちの工程において必要な情報をすばやく探すための指標とすることができる[12]。

　シナリオエンジンは Web で公開をしている。試してみたい場合は，https://contents-lab.net/scenario/ を参照してほしい。

3.3.1　本システムにおけるシナリオ記述ワークフロー

　本項ではシナリオ記述支援手法について，ワークフローおよび各工程の概要について述べる。システムではバイステップ手法の各工程を**図 3.27** に示すワークフローで扱い，情報を記述していく。

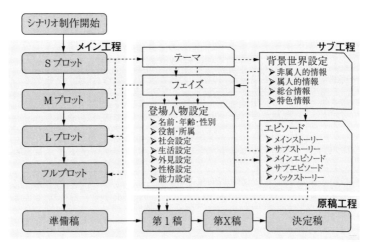

図 3.27　シナリオ記述ワークフロー

　左側のメイン工程は最終的にシナリオとなるプロットの記述工程，右側のサブ工程はシナリオ記述に必要な情報をまとめる設定作成工程である。このシステムではこれらの各工程について，それぞれ内容を記述し分けて保存する。利用者は頭の中で思い描いた内容を，情報として出力することで文章の整理を行う。

3.3.2 構造化シナリオの情報管理手法

シナリオ制作手法においては非常に多くの種類，数の情報が作成される。そのうち，S プロット，M プロット，L プロットやフェイズのように順次改訂版となる情報，テーマ，背景世界設定など一つの作品について一つ作成する情報が多くある。そのほか，登場人物設定やエピソード情報は一つの作品に対して多数記述する性質の情報であり，最終的な原稿は時系列順に並んではいるが，階層構造のない並列な多数のシーンの連続である。これらの特徴を持つ情報群を取り扱うため，本システムではシナリオ制作上生じる各種情報を，リレーショナルデータベースを用いて管理することにした。同じシナリオにかかわる各種情報を一つのプロジェクトとして扱い，データベース上でプロジェクトをキーとしてデータ間の関係を管理する。

1 対 1，1 対多の情報群をテーブル形式で管理し，入出力の際には JSON 形式でインタフェースとのやり取りを行う。この形式で扱うことにより，今後新たなシナリオ制作手法で必要な情報や 3.4 節で解説する評価上必要な情報が発生した際にも柔軟に情報の追記が可能となる。

3.3.3 インタフェース概要

システムにユーザー登録をし，ログインするとプロジェクト一覧ページが表示される。プロジェクト一覧ページでは自身の作成したプロジェクトを開きシナリオの執筆を行うか，他ユーザーの作成したプロジェクトの閲覧をすることができる。作成したプロジェクトは非公開に設定することができるため，閲覧できる他ユーザーのプロジェクトは公開されているものに限定される。

プロジェクトを選択すると，執筆・閲覧用インタフェースを表示する。図 3.28 に表示直後の状態を示す。

ブラウザ上の表示領域部分に，二つのウィンドウが表示される。初期状態では SML プロットおよびトリガー／テーマ／背景世界設定が表示される。

このウィンドウは表示領域内で移動およびサイズ変更ができるようになっており，表示する内容もウィンドウごとに変更可能である。ウィンドウ上部の

図 3.28 プロジェクト選択直後の操作用インタフェース

バー部分をドラッグすることでウィンドウの移動ができ，ウィンドウの右端，下端，右下角部分をドラッグすることでサイズ変更ができる。ブラウザ上で動作する Web アプリケーションだが，通常のウィンドウインタフェースを模した実装をしているため違和感なく使用可能である。

　ウィンドウ内のセレクトボックスから表示内容を選択することで，そのウィンドウで表示する情報を変更できる。選択可能な情報には SML プロット，13 フェイズ，トリガー／テーマ／背景世界設定，登場人物設定，ストーリー・エピソード分割，シーンがある。

　選択されている情報について，自身の作成したプロジェクトであれば編集モード，他ユーザーのプロジェクトであれば閲覧モードでの表示となる。自身のプロジェクトであっても，バーの右上部にある編集モード切り替えボタンで閲覧モードと編集モードを切り替え可能である。他ユーザーのプロジェクトの場合，編集モード切り替えボタンは非表示となる。

　編集モード切り替えボタン右隣のメニューボタンをクリックすることで，表

示内容を選択するためのセレクトボックスを非表示にする。これによって，ウィンドウ内の領域すべてを選択した内容を表示するために使用できる。

　バー内右端の×ボタンをクリックすることで，そのウィンドウを閉じることができる。また，ウィンドウ外の右上部にある＋ボタンをクリックすることで，新しいウィンドウを表示できる。図3.29に各操作用インタフェースを示す。

図3.29　ウィンドウ操作インタフェース

図3.30　執筆・閲覧インタフェース例（その1）

　バイステップ手法を用いたシナリオ執筆では，それまでに記述済みの情報を参照しながらつぎのステップの情報を入力していく。ウィンドウの移動やサイズ変更機能，追加機能などを活用することで，ブラウザの表示領域内に自身の好きなように情報を表示することができる。大きなディスプレイを用いればより多くの情報参照や広い入力領域を利用でき，スマートフォン等小さなディスプレイの場合も表示する内容を選ぶことで対応可能である。

　図 3.30 はプロットを確認しながら登場人物設定を記述する場合の例，**図 3.31** は登場人物設定とエピソード設定を確認しながらシーンを記述する例である。

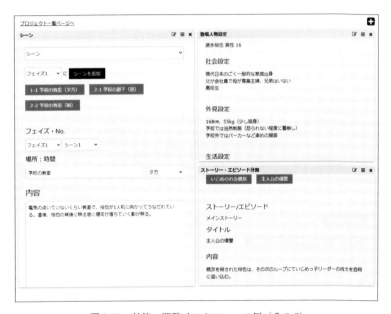

図 3.31　執筆・閲覧インタフェース例（その 2）

3.3.4　執筆用インタフェース

　本項ではユーザーが各種情報を記述するインタフェースの仕様を述べ，一部のインタフェース例を示す。

　〔1〕**単一情報入力用インタフェース**　S プロットや M プロット，背景世界設定などの，一つのプロジェクトに対し一つの情報しか入力を行わない

ページは入力欄とボタンのみからなる簡単なインタフェースを作成した。アクセス時点での保存されている内容を読み出し、入力欄に挿入して表示する。システムを利用したシナリオ執筆では、熱中してしまい長文の入力を行い、保存操作を失念したままブラウザを閉じてしまうという問題が散見された。これに対応するため自動保存方式を採用しており、ユーザーが入力欄の文章を編集することで情報が自動で更新される。**図 3.32** は M プロットの入力用インタフェースである。

図 3.32 M プロット用入力インタフェース

〔2〕 **複数登録情報入力用インタフェース** 登場人物設定やエピソードなど一つのプロジェクトに対し複数の情報を作成する内容のものは、データベースへの新規追加と追加済み情報の編集機能が必要となる。プロジェクトに追加済みの情報がある場合は、アクセス時点でそれらをデータベースから読み出し、入力欄の上部にボタンとして羅列する。ボタンをクリックすると、対象となる内容のデータを各テーブルから読み出し、入力欄に挿入する。**図 3.33** は登場人物設定の記述ページである。

〔3〕 **シーン入力インタフェース** シーン入力インタフェースは、フェイ

図 3.33 登場人物設定用入力インタフェース

ズ，シーン番号，場所，時間帯，内容の入力フォームを持つ。フェイズ，シーン番号，場所，時間帯はプルダウンメニューであり，シーンを新規で記述する際には，シーン番号は現在フェイズにあるシーン数＋1の値を自動で選択し，1番後ろのシーンとして扱う。場所は初登場の場所であれば，入力欄に直接記述することでデータベースに保存する。それまでのシーンで登場済みの場所であればデータベースから検索し，プルダウンメニュー内に登場回数の多い順に表示されるため，複数回登場するシーンは，毎回入力する必要がなくなる。時間は屋内，朝，昼，夕方，夜の5択である。これらの情報が合わさり，シナリオにおける柱情報となる。

　柱情報の入力が完了したら，内容記述欄にシーンを記述する。記述する際にはつぎのルールを適用する。

　1）　ト書き，せりふを同じ行に記述しない

　2）　ト書き内に「」を使用しない

　これは後述するシーンの内容を分割表示する際に問題が生じないためのルールであるが，通常のシナリオ記述のルールと差はなく，違和感なく記述が可能である。

3.3.5 情報閲覧インタフェース

本項では，記述済みの情報をユーザーが閲覧するためのページについて述べる。

〔1〕 **プロット・フェイズ閲覧インタフェース**　プロット・フェイズ閲覧インタフェースは物語の全体像を把握する際に利用する。アクセス時点でデータベースに保存されているSプロット，Mプロット，Lプロット，の内容を参照し並べて表示する。13フェイズやトリガー／テーマ／背景世界設定などの単一情報入力系はそれぞれ同じようなインタフェースで表示する。**図3.34**はその表示例である。

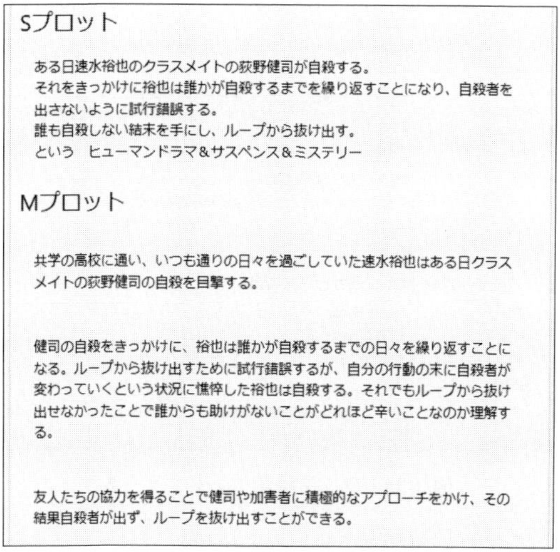

図3.34　プロット・フェイズ閲覧インタフェース

〔2〕 **登場人物設定閲覧インタフェース**　登場人物設定やストーリー・エピソード分割等の複数情報閲覧ページでは，入力ページと同様，アクセス時点でデータベース内にある情報を検索し一覧表示を行う。参照したい内容のボタンをクリックすることで設定内容が表示される。

〔3〕 **シーン閲覧インタフェース**　シーン閲覧用インタフェースでは，シーンの情報を分割し，内容に応じて表組みして表示する。柱情報を冒頭に表

示し，内容を次のルールで処理を行い表示する。

1） 内容を 1 行ごとに分割

2） 行内に「」が含まれているか確認

3） 含まれていなければト書きとする

4） 含まれていればその行をせりふとし「の前を発言者とする

こうして分割した内容を表組みにし，ト書きとせりふ（発言者・内容）にインデントを施した表示を行うことでシナリオの体裁を整える。**図 3.35** にシーンの表示例を示す。

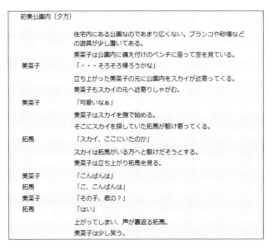

図 3.35　シーン閲覧インタフェース

3.4　シナリオの評価

シナリオは決定稿に至るまで何度も修正される。また，決定稿となっても，十分な内容のシナリオでなければ，制作の許可は下りない。そのため，シナリオを評価し，修正点を明らかにすることはきわめて重要である。北米ではすでに**ストーリーアナリスト**という職業が存在している，金子らはこれをさらに進め**シナリオアナリスト**として評価手法を提案している[5]。本節ではその評価項目と手法について述べる。

3.4.1　シナリオ基礎情報

評価した作品名や表現手法，目標とする鑑賞者などシナリオの基礎的な情報を記載する（**図 3.36**）。また，S プロット M プロットを記載する（**図 3.37**）。従来，これらはシナリオ執筆段階ですでにシナリオライターが書いているものである。評価の場合は，評価者が独自にシナリオを読んだうえで記載する。

シナリオデータ

1. 提出年月日
2. アナリスト
3. 実行年月日時間
4. 実行作業場所

5. タイトル
6. 表現方式（ジャンル）
　　M プロットを添付　　「梗概」を見ずにアナリストがまとめる

7. 目標とする鑑賞者層

図 3.36　シナリオ分析・評価用テンプレート 1

8. S プロット（要点）　70 文字前後
　　1. 何が　　　　　　1
　　2. どうして　　　　2
　　3. どうなる　　　　3
　　4. どんな形式　　　4

M プロット（シノプシス）　200 文字前後
　　1. 発端　　　　　　1

　　2. 展開　　　　　　2

　　3. 結末　　　　　　3

図 3.37　シナリオ分析・評価用テンプレート 2

3.4.2　シナリオ総合分析・評価

シナリオの全体に対して評価分析を与える。ストーリーの可視化の可能性や，ストーリーの理解しやすさなど，作品としてのシナリオの分析を行う。また，関連事業の展開や，視聴者のレーティングなどビジネス的な面も考慮したうえで，評価分析を行う（**図 3.38**）。

9.　**総合分析・評価**

1.　ストーリ視覚化の可能性 ― 1
2.　展開ストーリーの理解しやすさ ― 2
3.　登場人物視覚化の可能性 ― 3 実写の場合, 役者の想定も!
4.　感情に訴える力の可能性 ― 4
5.　時代にマッチする可能性 ― 5　ターゲットのニーズ
6.　鑑賞後の満足感の可能性 ― 6
7.　話題展開の可能性 ― 7
8.　関連事業展開の可能性 ― 8
9.　倫理［レーティング］ ― 9

犯罪を描いた場合,「贖罪」も描かなければならない

図 3.38　シナリオ分析・評価用テンプレート 3

3.4.3　シナリオ構造分析・評価

　ここでは, シナリオの構造がしっかり保たれているかを評価する。3.2 節でシナリオ執筆手法について記述した。それらが十分に活かされた構造になっているかどうか評価する。

　まず基本設定である, トリガー, テーマ, 背景世界, 登場人物, 相関関係など, 基本設定が十分に設定されているかどうか分析評価する。

　つぎにストーリーの構造として, 3 幕構成, 13 フェイズ構造, ファースト 10, アウター 2 ベクトル, インナー 4 C, マルチソリューションが十分に機能しているかどうかについて評価を行う。さらに, リマインダーがどの程度含まれているのか, 強いか弱いかを評価する。リマインダーの少ない作品は, 視聴者がストーリー展開を理解しきれない可能性がある（**図 3.39 ～図 3.41**）。

3.4.4　シナリオ内容分析・評価

　つぎにシナリオの記述内容をチェックする。原則としてすべてのシーンに対して個別に評価をしていく。シーンを記述する際に, ミザンセーヌがしっかりできているかどうか, 3.2 節で示した項目に沿って評価をする。その際に, 適切な場合は特に記述をせず, 高く評価できる点や基準を満たさない項目につい

10. 基本設定（5種）

1. トリガー
2. テーマ
3. 背景世界
4. 登場人物
5. 相関関係
6. その他

事件性
「有・無」

メッセージ性
「有・無」

「未見性」
ローカル性があってグローバルな
観点のあるものは商業価値が高い

キャラクター性

葛藤を生み出せるか?
スピンオフの可能性

| 1 |
| 2 |
| 3 |
| 4 |
| 5 |
| 6 |

図3.39　シナリオ分析・評価用テンプレート4

11. ストーリー構造・設定

1. 3幕構成
2. 13フェイズ構造
3. ファースト10
4. アウター2ベクトル
5. 3ポイント
6. インナー4C
7. マルチソリューション

| 1 |
| 2 |
| 3 |
| 4 |
| 5 |
| 6 |
| 7 |

それぞれの構造の持っている「機能」が強いか，弱いか?

図3.40　シナリオ分析・評価用テンプレート5

12. リマインダー設定
　1. ストーリーリマインダー
　　　1. 発端
　　　2. 糸口
　　　3. ドラマ
　2. 描写リマインダー
　　　1. ジャンル・描写方式
　　　2. かせ
　　　3. テーマ
　　　4. 背景世界
　　　5. 登場人物
　　　6. 相関関係
　　　7. 未見性
　3. 作家性
　　　1. 特定リマインダー
　　　2. その未見性と市場性

| 1-1 |
| 1-2 |
| 1-3 |
| 2-1 |
| 2-2 |
| 2-3 　「有(分量)・無」 |
| 2-4 　リマインダーが |
| 2-5 　少ない→「手抜き」 |
| 2-6 |
| 2-7 |
| 作家性 |
| 3-1 |
| 3-2 |

図3.41　シナリオ分析・評価用テンプレート6

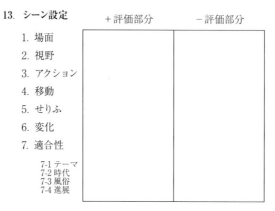

13. **シーン設定**

	＋評価部分	－評価部分
1. 場面		
2. 視野		
3. アクション		
4. 移動		
5. せりふ		
6. 変化		
7. 適合性		

7-1 テーマ
7-2 時代
7-3 風俗
7-4 進展

図 3.42 シナリオ分析・評価用テンプレート 7

て具体的に記述していく（**図 3.42**）。

ドラマカーブは，シナリオの内容を読んだ際に，構造分析の際に登場した「アウター 2 ベクトル」や「3 ポイント」などが，明確に感じられるかどうかを評価する。構造として評価するのではなく，シナリオとして読んでいく中でどのように推移していくのか，曲線のグラフによって記述していく。

通読評価では，ドラマカーブと同様にシナリオの内容を読んで評価するものである。通読評価の場合は，想定される尺とシナリオの量が十分に適合してい

14. **ドラマカーブ**

1. 想定カーブ　　評価カーブ添付
2. 分析

＋評価部分	－評価部分

15. **通読評価**

1. ストーリー
2. 描写

＋評価部分	－評価部分

時間ぴったりで通読
想定時間で読めるのか?

図 3.43 シナリオ分析・評価用テンプレート 8

るかどうか，作品の実時間を想像しながら評価し，ストーリーの展開や描写に無理がないか評価，分析する（**図3.43**）。

3.4.5　そのほかの分析・評価

つぎに評価したシナリオを制作する際に想定される制作条件や制作の規模をシナリオから推測し記述する。**キャスティング**では，想定されるような俳優が実現可能かどうか。**ロケーション**では，撮影候補地が無理なく見つかるか，または許可が下りるかどうか。「制作期間」や「制作スタッフ」「制作費用」では，シナリオを具現化するために必要な費用やスタッフ，制作期間という実現性について分析評価を行う。

また，作品の特色化条件として，シナリオをもとに映像化する際に必要とされる条件について記載する。そしてこれらを総合し，制作を実行する場合のアナリストとしてのコメントや修正変更提案を行う。

このように具体的な構造を分析し，その弱点を具体的に指摘することで，より穴のないシナリオに仕上げることができる。また，シーンごとの分析などにより，修正の方法や具体的な箇所についても指摘することができる。全体的に良くないとか，雰囲気が悪いといった，あいまいな評価ではなく，具体的にシナリオの良い点と悪い点を明らかにすることで，シナリオを改良するきっかけを与えられる評価が大事である（**図3.44〜図3.46**）。

16.　キャスティング	
17.　ロケーション	
18.　制作期間	
19.　制作スタッフ	
20.　制作費用	

図3.44　シナリオ分析・評価用テンプレート9

21. 場面構成 ☐

22. セット構成 ☐

23. 衣装・メイクアップ ☐

24. 特殊効果 ☐

25. 音響・音楽 ☐

図3.45 シナリオ分析・評価用テンプレート10

26. 制作実行の場合
コメント
結論 ☐

27. 修正・変更提案 ☐

図3.46 シナリオ分析・評価用テンプレート11

3.4.6 アナリスト

シナリオ評価は唯一絶対ではない。もちろん数値化して客観的な数値として示されるものもある。しかし，多くは一定の項目に対して評価者の特性や感じ方によって左右されることはある。そのため，一人のアナリストの評価だけでなく，複数のアナリストの評価を総合し，指摘内容を理解して改良の判断や制作実行の判断を行うことが必要である。

3.5　シナリオ情報の可視化

本節では，3.3節で述べたシナリオエンジンを利用し執筆を行った場合に新たに可能となる，シナリオ情報の可視化について述べる。

3.5.1　配色タイムライン

　シナリオは映像制作工程中の最初期に作成されるものであり，制作資料としては完成した映像からは最も離れた工程となる。シナリオ執筆後多くの工程を経て映像制作が行われるが，映像作品全体を通してどのような配色で構成されるかは本来映像が完成するまで得られない情報である。その，映像全体を通しての配色を，プロジェクトの早い段階からシミュレートすることのできる新たな工程が配色タイムラインである[13]。

　シナリオ執筆の段階で，柱の情報としてシーンの舞台となる場所の情報が記述される。映像中の配色は，登場人物の色や物語中の状況に応じた照明設定などにも影響を受けるが，背景となる舞台の影響が最も大きい。映像制作工程の中で，物語中に登場する各舞台の設計図となる美術資料の制作も行われる。配色タイムラインでは，シナリオ情報と舞台の美術資料を利用することで，映像全体を通しての配色を初期段階のうちにシミュレートする。

　シナリオの各シーンの場所情報に応じた美術資料を元に，k平均法という手法を用いて画面中の代表的なn色とその割合を取得する。例では代表8色とその割合を取得し，一場面の配色として利用している。

　一場面の配色情報と合わせて，シナリオの各シーンの本文量を利用する。シナリオの文章量は完成する映像の長さと相関関係にあり，400字詰め原稿用紙1枚につき1分程度が目安とされている。シナリオ全体におけるそのシーンの本文量の割合を取得することで，配色タイムラインの生成準備が完了する。

　図 3.47 に配色タイムラインの例を示す。ここでは，シナリオ決定稿の入手が可能であった 3D-CG アニメーション作品『楽園追放―Expelled from Paradise―』[14] のシナリオ情報と，美術資料の代わりに作品中の舞台背景が描写されているシーンの配色をもとに生成した（なお，カラー版は文献 13），コロナ社の Web サイト（p.viii 参照）に掲載している）。

　左から右に向かって進行する形で，各シーンの代表8色とその割合を縦方向に示し，横方向にシーンの長さを示している。例として左端は海岸のシーンで

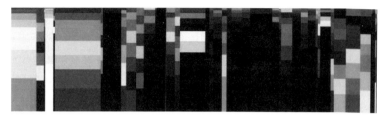

図3.47 配色タイムラインの例

あり，冒頭の舞台背景説明や物語の中心となる異変の描写が行われているた
め，長めのシーンとなっている。映像全体を通して，文明の荒廃した地球の屋
内が描写され灰色や茶色の多いシーンと，仮想空間上の極彩色の舞台が描写さ
れるシーンなどの配色の状況とその割合が可視化されている。

　シナリオエンジンに入力された情報からシーンの情報と文章量の割合が得ら
れ，そこに舞台の美術資料の情報を追加することで，これまでには得られな
かった新たな情報を制作初期段階から入手し，映像制作上の検討材料にするこ
とが可能となっている。

3.5.2　シーンの登場人物情報を用いた関係性の可視化

　シナリオの執筆後，各シーンにどの登場人物が描写されるかの情報を取得す
る必要がある。実写の作品であれば演者のスケジュールを検討するための資料
である香盤表となり，アニメーション作品においてもどの人物を描写するかを
把握する必要がある。基本的に，シーン中で発言している人物はそのシーンに
登場しており，発言しない人物についてはト書き部分に○○がいるというよう
な形で指定される。

　各シーンについて，そのシーンに登場する人物を列挙し，シーン情報に追記
する。この情報と，登場人物情報を合わせることで，映像全体を通して各登場
人物がどのようにかかわっているかを可視化することができる[14),15)]。

　シナリオエンジン上の情報と，力学モデルと呼ばれるグラフ描画アルゴリズ
ムを用いて，登場人物のかかわりを可視化する。力学モデルは，ノードと呼ば

れる実体とそれをつなぐエッジからなり，ノード同士は弾き合う力を持ち，エッジで接続されているノード同士に引き合う力を加える。複数のノードとエッジが弾き合い引き合う力を計算することによって，力の釣り合った状態の配置を導き出す。

　図 3.48 に『天空の城ラピュタ』[16]，図 3.49 に『紅の豚』[17] の情報をもとに可視化した力学モデルのグラフを示す。

　登場人物を示す円（ノード）同士は弾き合う力が作用する。一方で，同じシーンに登場していた人物間に接続された線（エッジ）がその人物同士を引き合う力を持つ。すべての登場人物と各シーンについてのエッジを入力し，それらの力が釣り合った状態を示している。

　『天空の城ラピュタ』では主人公のシータとパズーを中心にドーラ一家と軍に所属する人物が固まっており，鉱山の町の人物たちが外周に現れている。

図 3.48　『天空の城ラピュタ』の可視化例

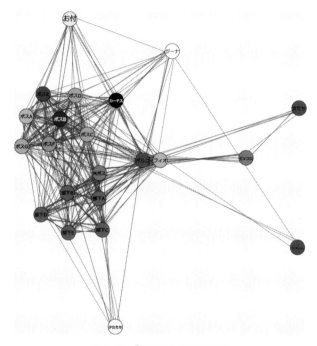

図 3.49 『紅の豚』の可視化例

　『紅の豚』ではマンマユート団や空賊連合の長たちがグループになっており，主人公のポルコとフィオを中心にそのほかの人物たちが外周に現れている。ここで興味深いのは，双方作品の主要人物であり登場シーンもそれぞれ多いにもかかわらず，マンマユート・ボス（図中 M ボス）とジーナは物語中で一度も同時に描写されていない（エッジで接続されていない）点である。

　シナリオエンジンに入力された情報をもとに，各シーンの登場人物リストを作成することで，各登場人物間のかかわりを可視化することができる。この情報を利用することで，物語中でかかわりの薄い人物同士について新たなエピソードの追加を検討するなどの活用ができる。

■ 演 習 問 題 ■

〔**3.1**〕　ストーリーに着目して自分の好きな既存作品のSプロット，Mプロット，Lプロット，13フェイズ，ドラマカーブを作成しなさい。

〔**3.2**〕　オリジナル作品のSプロット，Mプロット，Lプロット，13フェイズを作成しなさい。

〔**3.3**〕　シナリオエンジンを使って自分のオリジナルシナリオを作成しなさい。

〔**3.4**〕　シナリオアナリストの方法論に沿って，既存の作品を分析しなさい。

4章 キャラクターメイキング

◆ **本章のテーマ**

　本章では，映像コンテンツにおけるキャラクターを制作し，活用・運用するキャラクターメイキングの考え方，技術，キャラクターメイキングの制作工程をまとめたDREAMプロセスについて述べる。さらにキャラクターメイキングテンプレートを用いたキャラクター制作の手順と実例を述べる。

◆ **本章の構成（キーワード）**

4.1 キャラクターメイキングの概要
　　　映像コンテンツ制作産業，キャラクター，制作工程，キャラクターメイキング，デザイン
4.2 映像コンテンツ制作の産業構造とキャラクター
　　　産業構造，シナリオ，キャラクター，ミザンセーヌ，リニアコンテンツ，インタラクティブコンテンツ，キャラクターの構成要素
4.3 DREAMプロセス
　　　ディベロッピング，レンダリング，エクスプロイティング，アクティベーション，マネージメント，リテラル資料，あらすじ，プロット，ビジュアル資料，コラージュ，スケッチ，表情，ライティング，3次元モデリング，アニメーション
4.4 キャラクターメイキングテンプレートと実例
　　　デザイン原案，キャラクターの制作手法

◆ **本章を学ぶと以下の内容をマスターできます**

☞ 映像コンテンツ制作産業におけるキャラクターの役割
☞ キャラクターメイキングにおけるDREAMプロセス
☞ キャラクター制作のためのあらすじとキャラクター設定方法
☞ キャラクター制作のためのビジュアル資料制作方法

4.1　キャラクターメイキングの概要

　本書で取り扱う**キャラクターメイキング**とは映像コンテンツに登場するキャラクターや登場人物であるオブジェクトの制作のことを指し，それらの考案やデザイン，流通などを含めた制作工程の五つの頭文字をとって**DREAM**と呼ぶ[1]~[4]。本章では，ストーリーやキャラクターの行動，性格設定などのリテラル資料の作成や，キャラクター原案の制作，キャラクターの個性化，完成コンテンツのマーケティング，その後のマーチャンダイジングなどを考慮したディジタルキャラクターメイキング手法について述べる。

4.1.1　映像コンテンツ制作産業の現状とキャラクター

　映像コンテンツ制作産業は制作工程や公開方法の変化に伴い，多くの良質なコンテンツが望まれている。このため，効率的なコンテンツ制作が課題となっている。また，画像制作ソフトウェアの普及により，着色や編集などのプロダクション工程では効率的な制作作業が可能になってきた。しかし，プレプロダクション工程はソフトウェア化やデータベース化などが遅れており，その情報の活用方法の開発が期待されている。

　プレプロダクション工程において，**シナリオ**と**キャラクター**の制作は二つの重要な要素である。シナリオはコンテンツの内面，キャラクターは外見を表すといえる。そのため，魅力的なキャラクターを作ることは，魅力的なコンテンツの制作に直結しているといえる。その一例としてフィギュアや玩具などのキャラクター商品を利用したビジネス展開を行っているコンテンツが多いことが挙げられる。

　このような背景から，キャラクターの考案・創作からその運用の諸工程にも工学的な分析に基づく制作工程の確立が望まれている[4],[5]。映像コンテンツのキャラクター創作分野において，コンピュータの活用が進んだ現在では，工学的な分析によりさまざまな研究成果が発表されている。マンガ，アニメ，ゲームなど多彩なキャラクター開発とその利用が盛んな日本が，これまでの経験を

活かして，世界に向けてリーダーシップをとることができる分野であり，筆者らが研究教育してきたキャラクターメイキング分野の成果をもとに 4 ～ 6 章でキャラクターメイキング手法，ビジュアル化のためのデザインシステム，演出のためのライティングやカメラワークを説明する。

4.1.2　キャラクターとその制作手法

　映像コンテンツを制作するための市販ソフトウェアには，Photoshop のような画像加工を行うソフトウェアや Maya などの 3D モデリングやモーション制作のためのソフトウェアがある。しかし，キャラクター設定やシナリオ情報との連携が十分ではない。本章では映像コンテンツに登場するキャラクター制作支援のための制作手法である DREAM プロセスについて述べる[3),4)]。

　キャラクターという単語は，一般的にはイラストと混同される傾向がある。しかし映像コンテンツに登場するキャラクターは外見だけではキャラクターとして機能しない。そこで，本章では，キャラクターとはそれ自身で性格を持ち，ストーリーを伝えることができるオブジェクトのこととする。また，アニメやゲームに登場するキャラクターは，人間や動物だけではなく，電気スタンドが動いたり，その動きによって感情を表現することができる。このようなことからオブジェクトと呼ぶ。

4.1.3　キャラクターメイキングと制作プロセスの課題

〔1〕　**キャラクターメイキングとは**　　ここで扱う**キャラクターメイキング**とは，それ自身で性格を持ち，ストーリーを伝えることができるキャラクターを考案・デザインし，それらを効率的に運用する手法の総称である。そのため，ストーリー，プロット，エピソード，キャラクター設定，キャラクターの描写，そして流通の利便性を考慮したデータ管理までを含んでいる。キャラクターメイキングは，シナリオライティングの場合と類似しており，クリエイターの個人的な貢献によって成立し，準備期間は長いものの，構成するための素材は安価であり，制作環境や場所についても大きな投資を必要としないとい

う特徴がある。

　しかし，現状では，成果物が有用なものであるかどうかの判断基準や分析・評価の手法が確立されておらず，プロデューサーなど制作責任者の感性に頼ることが多く，さらには成果物の知的所有権の帰属なども明確さを欠き，その保全も難しい。キャラクターを映像コンテンツ以外に利用するキャラクタービジネスは，世界的な広がりを見せているが，現状のさまざまな課題が，その自由な発展を妨げている[1]~[5]。

　〔2〕　**キャラクター制作プロセスとプロデューサー**　　本章で扱うキャラクターメイキングにおけるビジュアル化とは，おもにプロデューサーがデザイナーにキャラクターイメージを伝え，キャラクターデザイナーがそのイメージをもとに画像やモデルをデザインし，デザイン原案をまとめていく工程をいう。

　デザイン原案を創作する過程では，まずプロデューサーやディレクターがストーリーやプロットからキャラクターの外見や行動を文章化して**リテラル資料**を作成する。同時にイメージに合うサンプルをいくつか用意することもある。

　つぎにプロデューサーやディレクターは，これらの資料をもとに専門のキャラクターデザイナーにキャラクターのイメージ化を依頼する。この段階では，リテラル資料が具体的でなかったり，サンプルのイメージが強すぎたりして，デザイナーとの打合せやデザイン修正に時間がかかり，デザイン作業を効率的に行うことができない場合が頻繁に生じるなど，質の向上の面でも効率化の面でも課題が生じている。本章では，この課題を解決するためのキャラクターメイキング手法を解説する。

4.2　映像コンテンツ制作の産業構造とキャラクター

4.2.1　映像コンテンツ制作と産業構造の関係

　映像制作とコンテンツ運用産業の構図を**図**4.1に示す。クリエイターはさまざまな知識・技術・経験から映像コンテンツを制作する。このとき土台となる

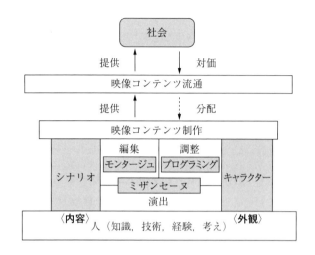

図4.1　映像制作とコンテンツ運用産業の構図[1]

構成要素は，シナリオとキャラクターである。

〔1〕　**シナリオ，キャラクター，ミザンセーヌとは**　　シナリオはコンテンツの内容を表現し，キャラクターはコンテンツの外観を示す要素である。この二つの要素をもとに演出作業が行われる。演出作業は，スタッフ間の意志の統一や，スタッフ・キャストの選抜，スケジュール・予算の作成，円滑な作業実施のための諸準備や打合せ作業などが含まれる。この中心的な作業はシナリオに基づいてシーンを構成し，その中にオブジェクトやキャラクターを配置して動かすという**ミザンセーヌ**の作業である。詳しくは4.3.6項および6章で解説する。

〔2〕　**リニアコンテンツの場合**　　映像の長さや順序を決める**モンタージュ**作業だけでなく，せりふ，音楽，効果音などの配置や強さなどを決める編集作業を行い，目標としているパッケージングを完成させる。

〔3〕　**インタラクティブコンテンツの場合**　　ユーザーがどんなタイミングでどの部分をどう動かすか，それによってどんな変化が起こるかを自由に組み合わせられるように**プログラミング**作業を行う。このほかにテンポや緩急をつけ，不具合を直すため（**デバッギング**）の調整作業も行われる。これらの調整

作業によってゲームが完成する。

〔4〕 **流通と分配**   制作された映像コンテンツは，流通産業へ提供され，マーケティング，伝送，販売などの諸活動により，さまざまな鑑賞者やユーザーに届けられる。鑑賞者やユーザーからは流通産業に対価が支払われ，映像制作者に分配される。

4.2.2 キャラクターの定義

本項では，映像コンテンツにおけるキャラクターを定義する。キャラクターはある世界観の中に生きる存在であるので，ただ絵を描いただけでは，キャラクターとはいえない。同様に，実写においても俳優に演技をしてもらっただけでは，キャラクターは作れない。キャラクターとは，以下の四つの要件を満たしたオブジェクトでなければならない。

1) それ自体で性格を持っている

2) 自立行動をする

3) 鑑賞者やユーザーが感情移入することができる

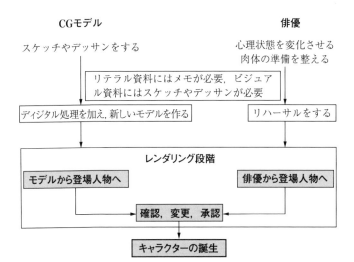

図 4.2 CG モデルと俳優のキャラクターメイキング

　4） 鑑賞者やユーザーが好き嫌いを抱くことができる

　キャラクターは**図4.2**に示すように，CG モデルだけではなく俳優も同様に考えることができる。CG モデルの場合は，リテラル資料に基づいてスケッチやデザインをしながら新しいキャラクターモデルを制作することになる。俳優は台本などのリテラル資料をもとに，リハーサルをして登場人物になるためにイメージを作る。CG モデルや俳優が個性を持った登場人物にするレンダリング段階によって，映像コンテンツに登場するキャラクターが登場する。このような工程を経て，レンダリング段階でキャラクターの個性化を行うことによって，映像コンテンツに登場するキャラクターが誕生する。

4.2.3　キャラクターの構成要素

　キャラクターは**図4.3**に示すような構成要素からなる。実体とは，人間やオブジェクトなど形のあるもので，それらを文章や画像などのメディアで表す。このメディアを用いて，環境やストーリーをはじめとするさまざまな要素を組み合わせてキャラクターを構成する。

　このことから，キャラクターメイキングの設定には，**図4.4**に示すようにス

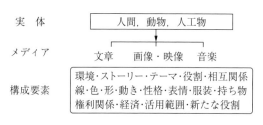

図4.3　キャラクターの構成要素

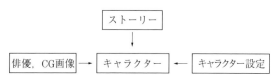

図4.4　キャラクターメイキングに必要な要素 [1]

トーリー，キャラクター設定，そして俳優やキャラクター画像が必要である。この三つの要素を決めることによって，キャラクターを制作することができる。

4.2.4 キャラクターメイキングの職種による視点

ここでは，キャラクターメイキングの職種による視点の違いについて述べる。

このキャラクターメイキングは以下のように職種によって価値判断の基準が異なるという特色がある。

〔1〕 **プロデューサーの視点**　接していると親しみを感じたり，感情移入してしまう役作りのできる俳優を探したり，目的に合ったオブジェクトを提案したり，それを利用する諸行為である。

〔2〕 **キャラクターデザイナーの視点**　目的に合った外見や内容を持ったオブジェクトを作成する諸行為である。

〔3〕 **俳優の視点**　自分に配役された登場人物になりきるための諸行為である。

〔4〕 **ディレクターの視点**　俳優やオブジェクトを自分の伝えたい情報の伝達役として配置し，動かす諸行為である。

4.2.5 キャラクター創作と産業や社会との関係

ここではキャラクターの社会における位置付け，キャラクターメイキングと社会の関係，キャラクターメイキングに必要な要素について述べる。**図4.5**にキャラクター創作と産業や社会との関係を示す。

〔1〕 **創作段階**（デザイナー，エージェント，プロダクションほか）　内容・外見をもとにキャラクターの印象を生成する部分である。この生成部分が本書で扱う段階である。

〔2〕 **利用段階**（パブリッシャー，ディストリビューター，プロバイダーほか）　流通・経済に関係する部分であり，法律や商慣習の順守が重要である。キャラクター創作の本来の目的は，コンテンツ制作であるが，副次利用として利用権ビジネス（フランチャイズあるいはマーチャンダイジング）が拡大

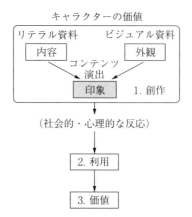

図 4.5 キャラクター創作と産業や社会との関係

している。また，続編や類似コンテンツを制作したり，既存の商品に付加価値をつけたり，新しいキャラクターを創作するというような幅広い利用分野が開拓されている。

〔3〕 **価値段階**（家庭，学校，生活環境ほか）　社会・心理・印象・文化などに関係する部分である。キャラクターの評価は，これらが複雑に影響し重なり合って醸成される。

4.3　DREAM プロセス

　本節では，CG アニメーションやゲームなどのディジタルコンテンツに登場する 2D-CG キャラクター，3D-CG キャラクターを対象として，DREAM プロセスについて述べる。

4.3.1　キャラクターメイキングプロセスと要素 [3],[4]

〔1〕 **キャラクター制作プロセス**　本項では，つぎのキャラクターメイキングの五つのステップで構成されるプロセスについて説明する。

　1）　プロデューサーないしはディレクターがリテラル資料をデザイナーに

渡す。

2）　デザイナーまたはディレクターはスケッチをしてデザイン原案を作成する。

3）　これをプロデューサーないしはディレクターに見せて確認する。

4）　そしてプロデューサーないしはディレクターの意図に合っていない場合は，修正指示が出される。

5）　この3），4）の行為を繰り返し行い，デザイン原案が承認されたあとにデザイン画が作成される。

このような過程においてデザインの意図が伝わらない場合に，多くの繰返しが行われて，制作時間がかかるという課題があった。

DREAM プロセスは，このようなデザイン原案の確認修正プロセスを削減するだけでなく，プロデューサーないしはディレクターの意図がデザイン画に的確に反映できること，および，制作意図の的確な伝達と制作工程の時間短縮を可能にできるという特徴を持つ。

〔2〕 **キャラクターメイキングの3要素**　　図4.5に示したように，キャラクター創作では，内容，外見，印象を構築する。

　内容構築：リテラル資料を作ることであり，ストーリー，環境，性格，行動などを決定することである。

　外見構築：イメージングツールを活用し，デザインを行うことである。ディジタルスクラップブック，2D-CG，3D モデリング，3D-CG アニメーションなどを活用する。

　印象構築：内容と外観に基づきコンセプトを作ることであり，ジャンル・種類・役割・内容，形と色，部分と全体，他とのバランスを考慮して，内容構築と外見構築を進行させる。

このように，キャラクターメイキングはこれらの「内容」と「外見」を作成し，「印象」を作り上げることといえる。このようなプロセスでキャラクターを創作する作業を支援するための手順を**図4.6**に示す。図4.6からわかるように，内容構築であるリテラル資料の五つの項目，「シナリオ」および，外見を

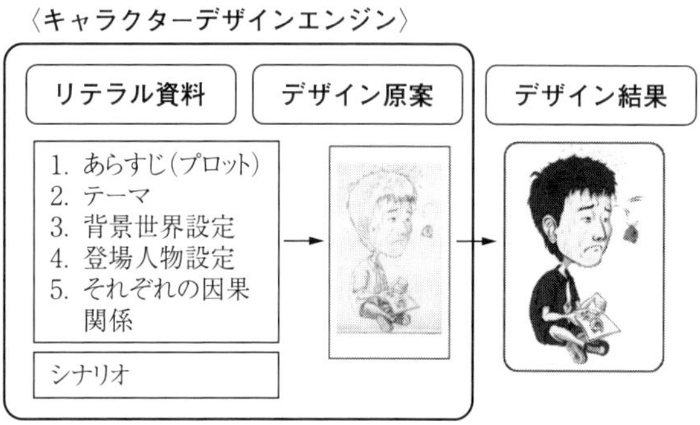

〈キャラクターデザインエンジン〉

| リテラル資料 | デザイン原案 | デザイン結果 |

1. あらすじ(プロット)
2. テーマ
3. 背景世界設定
4. 登場人物設定
5. それぞれの因果
   関係

シナリオ

図 4.6 キャラクターを創作する作業[6]

示すデザイン原案をもとにキャラクターは制作される。

　登場人物設定とはシナリオ制作において必須であり，ストーリーを進行させるキャラクターの役柄，性格，能力，体形などが記載されている。ここにはキャラクターの特色，くせ，言動などを書き込むことにより，キャラクターの性格が形成されてくる。これらをもとにキャラクターの外見的特徴と内面的特徴を画像にして表現する。

4.3.2　DREAM プロセスの概要

　本項では，リテラル資料とビジュアル資料を用いたキャラクターメイキング手法に基づく DREAM プロセス[1)~4)] について述べる。

　DREAM プロセスの全体像を**図 4.7** に示す。DREAM は**ディベロッピング**，**レンダリング，エクスプロイティング，アクティベーション，マネージメント**の五つの工程がある。本節ではこれらの工程を順に説明する。

4.3.3　ディベロッピング工程：リテラル資料

　本項ではディベロッピング工程におけるキャラクター設定と既存キャラクターの印象分類について述べる。

　ここではまず，キャラクター設定に関して述べる。映像コンテンツに登場するキャラクターは，キャラクター自身に人格を持つため，さまざまな設定をす

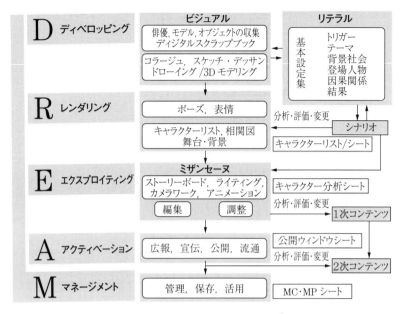

図 4.7 DREAM プロセスの全体像 [1]

る必要がある[6]。そのためにキャラクターの設定情報の記述を容易にするために
あらかじめ項目ごとに分割したテンプレートが提案されている[1]~[3]。これは
図 4.8 に示すように，リテラル情報はコンテンツ情報の記述項目と，キャラク
ター自身の設定項目の二つからなる。リテラル資料の制作においては，コンテ
ンツの概要を示す設定情報（表 4.1），S，M プロット，このほか，コンテンツ
を制作公開するための基本設定情報をまとめる。さらに表 4.2 に示すキャラク
ターの設定情報キャラクター設定情報をまとめる必要がある。

　〔1〕　あらすじ設定（S，M プロットの作成）　　ここでは，リテラル資料
の中で主要な役割を果たすストーリーのあらすじの作成について述べる。この
ために菅野・金子が提案した段階的なシナリオ制作手法[7]を用いて，ショート
プロット（S プロット），ミディアムプロット（M プロット）の作成を行う。
この作成支援のためにストーリーの発端，展開，結末を書くテンプレートを用
いる。S プロットは発端，展開，結末はそれぞれ 15 文字，30 文字，15 文字程

リテラル資料

┌─ **プロットを作る**
│　ショートプロット → ミディアムプロット → ロングプロットへ
└─ **基本設定を作成する**
　　ストーリー・トリガー・テーマ・背景・登場人物・因果関係

↓

登場人物やキャラクターにするモデルやオブジェクトそれぞれに名前・役割・外見・性格・特色・行動・背景・ストーリーについての設定表を作成する

↓

キャラクターが登場するシーンを想定し，他のキャラクターが登場するシーンも想定して，せりふと動きを作成する

図 4.8　コンテンツ情報とキャラクター情報のリテラル資料の制作

表 4.1　コンテンツ情報の記述項目

| 1. コンテンツタイトル |
| 2. キャラクター名 |
| 3. 年月日時間 |
| 4. 制作場所 |
| 5. コンテンツの表現スタイル（ジャンル） |
| 6. コンテンツの内容 |
| 7. コンテンツの目的 |
| 8. コンテンツの対象 |
| 9. Sプロット（あらすじ）の発端, 展開, 結末 |

表 4.2　キャラクター設定情報の記入項目

項目名	記入内容
キャラクター名	キャラクターの名前
役　柄	ストーリー上の役柄
基本設定	年齢, 性別など
社会設定	家族, 職業など
外見設定	身長, 体形など
性格設定	自分に対して, 他人に対してなど
生活設定	趣味や習慣など
能力設定	身体能力, 頭脳など
関連人物	関連のある人物

度で，Mプロットは，Sプロットをもとにそれぞれ 50 文字，100 文字，50 文字程度でまとめる。これによって，ストーリーの骨子をまとめ，キャラクターの性格や行動を明確にすることができる。

〔2〕 **キャラクター設定**　　ウラジミール・Я．プロップ[8]，金子ら[9] は，共通登場人物はそれぞれストーリー上の機能を持ち合わせていることを述べて

いる。これをもとに，金子は ① 主人公，② 協力者，③ 敵対者，④ 犠牲者，⑤ 依頼者，⑥ 援助者，⑦ 対抗者という七つの機能[1]を提案した。このキャラクターの機能を**役柄**と呼ぶ。これらの役柄のほか，基本設定，社会設定，外見設定，性格設定，生活設定，能力設定，関連人物と相関関係，およびキャラクター設定のコンセプトと解説をまとめる。これらの情報をまとめるために 4.4 節で解説するキャラクター設定テンプレートを用いる。

4.3.4　ディベロッピング工程：ビジュアル資料

本項では，キャラクター制作の参考となる画像収集，印象語によるキャラクター画像の分類，さらにはコラージュやスケッチによるキャラクターの制作方法について述べる。さらに，3D-CG キャラクターモデルについても紹介する。

〔1〕　**キャラクター制作のための画像収集**　コンテンツに登場するキャラクターだけでなく，さまざまな対象物の画像を収集することはキャラクターのビジュアル化に役立つ。クリエイターやデザイナーは過去の資料をたくさん集めており，依頼されたデザイン意図にあったキャラクターを描くときに，いろいろな資料を見て，参考にする作業を行う。このように収集画像は，制作するキャラクターのデザインレファレンスとなり，デザイン作業を支援することにつながる。

このため，収集する画像は，アニメーションなどの登場キャラクターだけではなく，各自が必要と考えるさまざまな対象を含むことも大切である。ディジタル化されたレファレンス画像は，効率良くデザイン作業を進めるために役立つ画像データベースとして構築することが望まれる。このようなデータベースは，作品情報も多く，個人的な使用によるデータ収集と検索システムのことであり，「ディジタルスクラップブック」と呼んでいる。検索のキーワードやシステムは公開できるが，収集している作品の情報は著作権により公開できない場合も多い。

〔2〕　**印象語を用いたキャラクターの分類**　ここでは既存のキャラクターの印象分類について述べる。**印象分類**とは既存のキャラクターの印象形成を整

理することで，クリエイター自身の考案するキャラクターの印象を整理・数値化するための手法である。

DREAM プロセスでは，印象を用いたキャラクターの分類方法の一つとして，茂木ら[6),10)]が提案する**キャラクター印象スケール**を用いる。キャラクター印象スケールとはキャラクター画像の印象を設定するスケールであり，さまざまな印象の判断基準となる形容詞を用いて印象の値を決める。

このキャラクター分類のための印象スケールは，約 400 の既存キャラクターから性格を表すと考えた印象語を三つ書き出し，それらをもとに印象語をグループ分けし，12 対の印象語を選定した。**表 4.3** に印象スケールの一覧を示す。この 12 対から，二つの印象スケールを X, Y 軸として，2 次元空間にキャラクター画像を配置することによって，既存のキャラクターの登録と検索を行う。

図 4.9 に二つの印象スケールによるキャラクター分類のための印象空間を示

表 4.3　印象スケール

真面目な⇔不真面目な	荒々しい⇔大人しい
強気な⇔弱気な	積極的な⇔消極的な
陽気な⇔陰気な	優しい⇔冷酷な
熱烈な⇔冷静な	頑固な⇔素直な
優柔不断な⇔果断な	成熟した⇔未熟な
月並み⇔風変わりな	派手⇔地味

図 4.9　印象スケールの組合せによる印象空間例

す。この空間にキャラクター設定の性格付けなどに従って，キャラクターを配置して分類を行う。この考え方をもとに，これらの印象スケールと4.3.3項〔2〕で示した7種類の役柄を用いてキャラクター登録検索システムであるキャラクタースクラップブックを構築することができる。

〔3〕 **コラージュとスケッチによるキャラクターのビジュアル化** キャラクター印象スケールによるキャラクター分類をもとに，コラージュに用いるキャラクターパーツを選択する。コラージュとは，さまざまな素材を組み合わせて新しい作品を作り出すことであり，ここでは，キャラクターのさまざまなパーツを組み合わせることを示す。コラージュのための素材やパーツを収集したキャラクターから選択する。このあとに，リテラル資料に従って選択したキャラクターのコラージュパーツを組み合わせてキャラクターの原案を制作する（**図4.10**）。このとき，必要に応じてパーツの色変換を行ってリテラル資料のキャラクター設定に合うようにする。このような方法は，多くの参考資料画像からさまざまな印象を持つキャラクターを制作しやすいという効果がある。

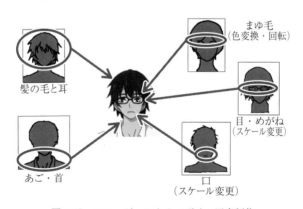

図4.10 コラージュによるデザイン原案制作

このために，フォトレタッチソフトや専用の**コラージュシステム**[11] を用いて，デザイン原案を作成する。このように多数のキャラクター画像からキャラクター印象スケールを利用して希望する画像を検索し，その検索結果のキャラクター画像のパーツを用いてコラージュする。つまり，画像の「選択し調整す

る」という作業で，ソフトウェアを使って画像を操作することにより，ビジュアル化作業を行うことができる。

〔4〕 **スケッチによるキャラクターの個性化**　　スケッチは DREAM プロセスの中で重要工程であり，目の前にある対象物や自分の頭でイメージしたキャラクターを自分の手で描いていくことで，キャラクターを個性化していくための段階である。このスケッチ作業は紙の上で描くことも，コンピュータソフトウェアを利用して描くことも，自分の手で描くということであり，自分のキャラクターにすることができる。自分の手でスケッチやデッサンをして描くことにより，キャラクター創作に制作者の意図があるという主張を持たせることができる。

1）　**スケッチの役割**　　企画書，キャラクター設定，シナリオなどのリテラル資料はキャラクターメイキングの土台である。これとともに**スケッチ**は，ビジュアル資料を作るキャラクターメイキングの基本技術の一つである。リテラル資料で理解しにくい情報も，「百聞は一見にしかず」というようにスケッチによって理解が助けられることも多い。

2）　**制作するキャラクターの著作権**　　既存のキャラクターやほかの人が作ったキャラクターをそのまま利用することは法律に抵触する。著作権に反することがないように，自分の思い描いたイメージやコラージュ画像をもとに自分の手で描き，特徴を出すことによってキャラクターの独自性を出すことが大切である。

　キャラクターを制作するとき，過去の作品を参考にすることは多いが，制作したキャラクターの一部分を見れば，どのキャラクターかがわかるような重要な部分をそのまま使うようなことは許されない。このようなことに注意して，過去の作品を参考にすることが必要である。

3）　**スケッチの技術**　　スケッチの技術は大きく分ければ，線，濃淡，色の表現である。ここではキャラクターのデザイン例を描くための技術についてつぎに述べる。

　線の描画　　スケッチの技術の一つは線を描く技術であり，線の太さ，線の

強さや濃さを制御することである。これによって対象全体の形状表現を行う。スケッチの技術を高めるためには，描く練習と観察する訓練が大切といわれる。画家がデッサンをするとき，対象物と描いているキャンバスを何度も交互に見ている。これに対して素人は対象物を見る回数が画家に比べて少ないという実験結果がある。素人は観察が少なく，自分の思い込みで描いているということである。したがって，対象をよりよく表すために，つねに対象物を見ることとと，対象物とデッサンを比較できるような観察力を高めることが必要である。図 4.11 にコラージュ結果を用いてスケッチと彩色をした例を示す。

（a）　コラージュ　　（b）　スケッチ＆　　（c）　鉛筆による　　（d）　彩色結果
　　　結果　　　　　　　　彩色結果　　　　　　スケッチ

キャラクター名：シャーリー
　・コンテンツの内容が「子供向けアニメ」だったので，子供（特に女の子）
　　に好まれるようなバランスの体にした。
　・ほうきなどのアイテムも商品化を考慮して特長的なものにした。

図 4.11　コラージュ画像，線によるスケッチ，彩色例〔提供：田中希〕

陰影の濃淡による描画　　人は，光があるから対象物を見て認識することができる。認識した対象物をスケッチで描くとき，描く人の見る位置によって簡単な形でも輪郭の形，輪郭線，陰影の濃淡が異なる。スケッチにおける陰影の濃淡はおおまかでも，対象の凹凸や奥行き，形の理解を助けることができる。このため物体の形を正確に理解できるようにするために濃淡表現が大切である。図 4.12 にデッサンの例を示す。

雰囲気作りのための色の描画　　人は，対象物の色を見て，その対象から印象を受ける。色の違いによって雰囲気の違いを理解できる。スケッチでは雰囲

図 4.12　デッサンの例　〔提供：田中希〕

気を伝えることが目的であるので色の塗り方に正確さは必要なく，**図 4.13** に示すように輪郭からはみ出してもよい。つまり，スケッチにおける彩色は，スケッチを見る人に雰囲気を伝えるようにすることが大切である。

図 4.13　線画とおおまかな彩色例　〔提供：田中希〕

主張のための省略と誇張の技術　　1 本の線で形の省略や誇張をして，印象を強調する描画方法が使われる。自分自身の考えをスケッチに表すことができるようになることが必要である。このために思い描いているキャラクターのイメージの特徴を誇張することが必要である。キャラクターはシンプルでだれでも描きやすいようなことが望まれる。

4）　スケッチの実例　　**図 4.14**（a）にキャラクターの顔のスケッチを示す。顔の印象を特徴付けて記号化している。実際の人の顔を誇張して，鼻の下を長くして，あごの形を角ばらしている。特徴を明確にしているので真似する

（a） キャラクターの顔

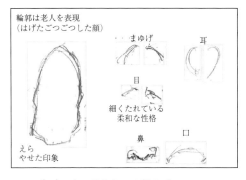

（b） キャラクターの顔のパーツ

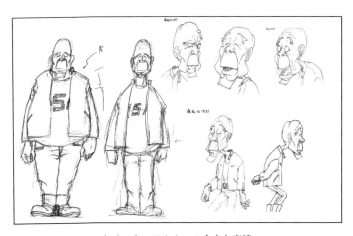

（c） キャラクターの全身と表情

図4.14 キャラクターのスケッチ例〔提供：岡本直樹〕

ことが容易である。これがキャラクターに親しみを持たせることにつながる。図（b）はラフに描かれた図（a）のパーツでもそれぞれの特徴が表されていることを示している。そして，それぞれのパーツだけを見れば描くことができるように思われるが，全体のバランスやそれぞれのパーツの大きさや配置が，キャラクターの特徴付けに重要であることがわかる。

図（c）にキャラクター全体のスケッチと表情を示す。ストーリーが進行する中でさまざまな表情をするキャラクターのイメージをスケッチで示すことは，制作者の意図を共有し，映像の完成度を高めるために必要である。

〔5〕 **3次元モデリング**　スケッチ後のキャラクター画像をもとに，3次元モデルを制作した例を**図4.15**に示す。2次元画像のキャラクターから3次元モデルを生成する手法が研究されているが，これらのモデルは人手によって制作した。このキャラクターを生き生きと動かすために，骨格を指定してポーズや動きをつける。

図4.15　3D-CG によるキャラクター
〔提供：岡本直樹，中村陽介，松島渉〕

4.3.5　レンダリング工程

この**レンダリング**（rendering）段階では，前項で制作したキャラクターモデルを用いたキャラクター表情集やキャラクターアクション集，照明・カラーリスト，キャラクターリストを設定する。デザイナーにプロデューサーが自ら描いた，スケッチをもとにしてデザイナーと打合せを行う。このレンダリング段階では，**図4.16**に示すようにデザイナーはその知識と技能によって前述の各種設定を行い新しいキャラクターの表情や動きを制作する。デザイナーは，CG ソフトウェアを用いて，表情や衣装の制作，動きの制作，キャラクターの性格付けを行い，プロデューサーに提示する。さらに，リテラル資料で設定した舞台や背景のビジュアル化も行う。

〔1〕　**キャラクターの表情集とポーズ**　デザイナーは，企画書やシナリオのリテラル資料から取り出したキャラクターを想像させる表現とキャラクター

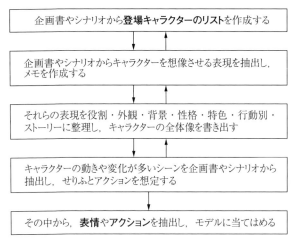

図 4.16　キャラクターリストと表情，アクションの作成

の役割や外観を表すコラージュ結果やアイデアスケッチ，さまざまなシーンに
おけるせりふやポーズをもとに，キャラクターの特徴的な表情を描き，それを
まとめて表情集を制作する。シナリオの中で示されている感情を表すシーンを
参考に，ストーリーやそのシーンに合う表情を作ることが必要である。3D-CG
によるキャラクターが作られるようになってもデザイナーが2次元画像でキャ
ラクターの表情を決め，表情集を作成している。このために，2次元画像で描
かれた表情をもとにして，キャラクターの表情を制作することになる。

　また，表情とともにシナリオから取り出した動きの変化があるシーンから，
ポーズを決定する。ポーズも表情とともにキャラクターの特徴を印象付けるた
めに必要な情報である。キャラクターの印象的特徴的なポーズは，キャラク
ターグッズなど2次コンテンツに展開するときに，購入者に大きな影響を与え
る。**図 4.17** にスケッチによる表情集とポーズ集の一部を示す。

　〔2〕　**キャラクターリストと相関図**　　**キャラクターリスト**は，作品に登場
するキャラクターを集めて，大きさ，色，印象などを比較するために作成す
る。特に CG アニメーションではキャラクターが単独で出てくることは少な
く，キャラクターごとの大きさや色を一度に確認することが大切である。**図
4.18** にキャラクターリストの例を示す。

（a）表情集

（b）ポーズ集

図4.17 表情集とポーズ集の例

　相関図とは，キャラクター同士の関係を表す図のことである。主人公と協力者，敵対者，犠牲者，依頼者，援助者，対抗者の相関関係を矢印や記号などを用いて表す。これによって登場人物の人物関係を可視化し，登場人物の関係の理解を助けることができる。

図 4.18 キャラクターリストの例

4.3.6 エクスプロイティング工程

　エクスプロイティング工程とは，これまでの段階で制作してきた各要素を活用して演出し，制作物を公開する段階である。ここではアニメーションやゲームなどの１次コンテンツにおけるキャラクターの役作り，衣装制作，リハーサルなどの作業を行う。このために形や色を決めたあとに，１次コンテンツの中で背景環境，ストーリー，キャラクターとの関係を決めることにより，キャラクターが生き生きとした世界を表現することができるようにする。このようなシーンを演出する方法を**ミザンセーヌ**という。手順は以下の通りである。

- ・シーンを選ぶ
- ・オブジェクトを配置する
- ・キャラクターを配置する
- ・ショットを決める（一つないしは複数）
- ・視野を決める
- ・キャラクターに演技させる
- ・長さ（時間）とテンポを決める
- ・見えるもの，見えないものを確定する
- ・光（照明）を調節する
- ・確認→変更→承認

　このような手順で演出を支援するため，さまざまなシステムが開発されている[12]。**図 4.19** に**ディジタルシーンシミュレーションシステム**とそのシミュレーション例を示す。

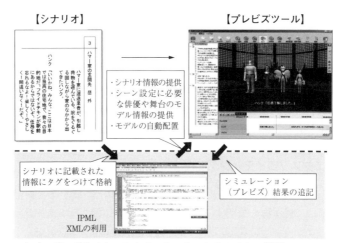

（a）　ディジタルシーンシミュレーションシステムの概要

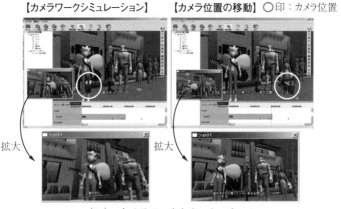

（b）　カメラワークシミュレーション

（c）　キャラクター配置シミュレーション

図4.19　ディジタルシーンシミュレーション[12)]

　このようなシーンシミュレーションを行うためにストーリーボード（絵コン
テ），キャラクターのアクション，カメラワーク，ライティングが必須である。
　〔1〕　**ストーリーボード（絵コンテ）**　　ストーリーボードは，絵コンテと
もいわれ映像コンテンツを制作するための設計図，指示書であり映像全体の構
成を決める重要な書類である。ストーリーボードの第1の大きな目的は制作ス
タッフへのコンテンツ制作のための情報伝達，指示である。このためにつぎの
ことを明確にすることが必要である。
　1）　画面構成　　シナリオの柱にあるシーンの場所，時間帯，カメラ位
置，画角，照明，また登場人物やキャラクターを魅力的にする画面構成も示す
ことが必要である。
　2）　キャラクターやカメラの動き　　シナリオに書かれているト書きをも
とに，キャラクターの動きやタイミング，さらにキャラクターの動きに伴った
カメラの動きを示す。この動きを示すために矢印や四角い枠などを利用する。
　3）　表示時間　　せりふやサウンドなどの時間，つなぎ指示などをもと
に，各シーンやショットの時間を決めることが必要である。
　ストーリーボードは静的な指示書であるが，現在ではビデオコンテ，ゲーム

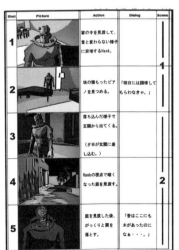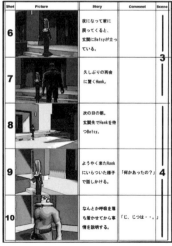

図 4.20　シーンシミュレーションシステムを用いたストーリーボード〔制作：兼松祥央〕

エンジンを利用したインタラクティブなダイナミックコンテンツを利用した動的なストーリーボードも活用されるようになってきた。**図 4.20** はシーンシミュレーションシステムを用いたストーリーボードの例である。

〔**2**〕 **ライティングとカメラワーク**　　映像コンテンツにおける照明（ライティング）は，映像コンテンツのシーンにおいて，キャラクターの印象を決めるための大切な要素である。過去の作品のライティング情報をまとめたディジタルスクラップブックは，クリエイターの熟練技術や知識・経験をもとに制作された作品を分析したデータベースである。なお，ディジタルスクラップブックは，一般的な公開しているデータベースと異なり，個人的な資料として利用するためのデータベースのことをいう。ディジタル技術を利用したこのようなデータベースは，感情によるキャラクターのためにライティングのほかに，絵画における人物表現のためのライティング，背景表現のためのライティング，シーンの色表現のためのライティングなどがある。

　カメラワークも同様に作品分析によって，カメラワークスクラップブックを構築し，カメラワークシミュレーションに活用できる。この演出に関係するライティングとカメラワークについては，6 章で詳しく述べる。

〔**3**〕 **CG アニメーション**　　キャラクターをより強く印象付けるアクションはコンテンツにおいて大切な要素である。4.3.5 項で述べた図 4.1 に示した手順に従ってアクションや表情を作成する。このときにも，表情の表現と同様に多数のキャラクターのアクションを収集して活用することが，制作物の高品質化と制作の効率化につながる。また，収集したアクションを分析して動きを観察することが，制作時における参考となる。

　2 次元画像によるキャラクター制作だけでなく，3D-CG によるキャラクター制作のために，3 次元モデルのキャラクターの表情を設定することも同様に重要である。

　アニメーションで用いるアクションの作成には，CG ソフトウェアを利用して，キャラクターの 3 次元モデルに対してキーフレームを設定し動きを指定する方法，モーションキャプチャを利用する手法がある。これらの手法を用いた

より質の高いアニメーション制作のための方法として，① 過去のアニメーションの誇張表現を用いる手法，② 動作情報を用いた誇張手法，③ 形状変形による動作の誇張手法，④ 動きの誇張表現のためのカトゥーンブラー，⑤ モーションキャプチャデータを再利用するためのモーションデータベースなどが提案されている。

〔4〕 **キャラクター分析シート**   エクスプロイティング工程で制作したキャラクターを分析してコンテンツ制作全体へのフィードバックを行う。この分析のために必要な項目を整理して示したテンプレートを「キャラクター分析シート」と呼び，このような分析を行う職種を**キャラクターアナリスト**と呼ぶ。

コンテンツ制作前である本工程では，キャラクターの確認，キャラクターの分析を行う。この確認作業を行うことにより，キャラクターの印象の弱い部分や不十分な部分を洗い出し，その部分の制作をやり直すことで，より表現意図に一致するキャラクターを制作することができる。このキャラクター分析工程では，キャラクターアナリストがキャラクターの分析・評価を行い，分析情報をまとめる（**図 4.21**）。

その役割は，映像コンテンツを制作する前にキャラクターの出来・不出来の分析を客観的に行うことで，キャラクターがユーザーに与える印象のうち，印象が弱い部分を抽出することで公開する前に改善を図ることである。このとき分析する項目は，外見，内面，機能，その他の資料，総合の 5 種類の分析項目である。

4.3.7 アクティベーション工程

この段階では，広報・宣伝を行い，流通をよくすることを行う。このために大切なことは，どのようなメディアで公開するかなどのキャラクター公開ウインドウシートの作成，キャラクターの印象形成，2 次コンテンツの制作のための指針作成である。

2 次コンテンツとは，続編やキャラクター商品のことである。これらの分析

キャラクター分析・評価用テンプレート　1

評価キャラクターの活動世界（作品情報）

1　提出年月日

2　キャラクターアナリスト(評価用)

3　評価年月日時間

4　評価作業場所

5　作品タイトルとキャラクター名

6　キャラクターの役割

7　作品表現方式（ジャンル）と
　　S プロット

8　ターゲット

9　M プロット(あらすじ)
　　　発端
　　　展開
　　　結末

10　基本キャラクター分析・評価表

項　目	コメント	数　値
何らかの感情が湧いたか		++++++++++
ストーリーを伝えることができるか		++++++++++
作品情報にマッチしているか		++++++++++
① 人物設定に合致しているか		++++++++++
② 舞台(世界)設定に合致しているか		++++++++++
③ シナリオリマインダーに合致しているか		++++++++++
④ 演出リマインダーに合致しているか		++++++++++
⑤ アクションリマインダーに合致しているか		++++++++++

11　総合コメント

12　修正・変更提案（各項目）

図 4.21　キャラクター分析シート[1]

後，制作されて公開されるコンテンツを**1次コンテンツ**と呼ぶ。

〔1〕 公開ウインドウシートの作成　　ウインドウはメディアともいうことができるが，おしゃべり・つぶやき，イベント・集会，本，ラジオ，舞台，映画，ビデオ，インターネット，商品などがある。キャラクターを公開するためのウインドウを多数用意し，キャラクターのさまざまな可能性を広げるようにする。このために，どのような内容をどのウインドウでどの程度の数の利用，およびその順序と期間などを決めて公開する。

〔2〕 キャラクターの印象形成　　キャラクターの印象は，ひと目見てわかる速現性，じわじわと理解できる遅現性，時間経過により理解できる時現性という3種類があり，これらの印象からキャラクターの価値が決まってくる。このため，1次コンテンツの完成後，「うわさ，刺激」創成調査を行い，コンテンツとキャラクターの公開準備を行う。「うわさ」創成調査では，映像を見た人がキャラクターについて語るような要素があるかどうかを分析する。「刺激」創成調査では，どのようなときに，どのような方法で広報や宣伝を行うかを確認する。この結果を何度も行ったのち，広報と宣伝を行い，1次コンテンツを公開する。

〔3〕 2次コンテンツの制作のための指針作成　　三つ目の作業は，2次コンテンツの制作のための指針を整理することである。キャラクターの2次コンテンツは続編や商品であり，キャラクターグッズは権利者にライセンス料が支払われる。このため，2次コンテンツの制作は映像コンテンツ制作全体において商業的に重要な作業となる。

4.3.8　マネージメント工程

この段階は図4.7のDREAMプロセスの全体像に示すように，すべての段階に関係しており，制作情報の管理保守を効率良く行う。このため，コンピュータとネットワークを利用できる環境が必要である。これらの技術によって，キャラクターのマネージメントのためのキーワード検索や，スタッフ間での制作情報管理や制作者の貢献度などの管理ができる。このような環境が構築でき

れば，例えば，能力の違いで単価が制作者ごとに変わっていても，コンピュータ管理によって貢献度に応じて支払金額を変更できる。このように情報システムを活用することによって，キャラクターメイキング全般のマネージメントが容易になる[1]。

4.4 キャラクターメイキングテンプレートと実例

本節では，DREAM プロセスに基づくキャラクターメイキング手法を用いた制作手順に基づいてキャラクター制作を行うキャラクターテンプレートと，それを利用したキャラクターメイキングの実例を紹介する。特につぎのようにDREAM プロセスの四つの工程に沿って説明する。

〔1〕 ディベロッピング工程におけるリテラル情報設定としてコンテンツ情報とキャラクター設定情報をまとめる。

〔2〕 ディベロッピング段階におけるビジュアル情報設定として，レファレンスとなる画像収集，コラージュ手法やデッサンによるデザイン原案の制作を行う。

〔3〕 レンダリング工程ではディベロッピング段階で制作されたキャラクターのさらなる特徴付けを行う。そのためにキャラクターのポーズや表情集を作成する。さらに複数のキャラクターの関係を示すためのキャラクターリスト，キャラクター相関図や舞台・背景の画像を作成する。

〔4〕 エクスプロイティング工程では演出作業を行い，アニメーションとしてまとめる。そのためにストーリーボードをまとめるために カメラワーク，ライティング，キャラクターの移動や画面構成を決める。最後にストーリーボードに従って，CG アニメーションを制作する。

本節では，キャラクターアニメーションの制作までを紹介する。アクティベーション工程では，制作したキャラクターの評価分析シートを用いて評価を行い，マネージメント工程は制作情報の管理を行う工程である。本節はディジタルコンテンツ制作におけるキャラクター制作を中心に扱うので，アクティ

ベーション工程とマネージメント工程の実例は省略する。

　本節で紹介するテンプレートは PowerPoint で作成しており，キャラクター
メイキングの教育に長年活用して改良してきた。このテンプレートはコロナ社
の Web サイトで公開しているので（p.viii 参照），ダウンロードして活用でき
る。また，利用にあたっては必要に応じてそれぞれの工程にあった部分を利用
することも可能である。この利用方法の例も公開している。なお，図のキャプ
ションにあるスライド番号は DREAM の手順に対応している[†]。

　「1」はディベロッピング工程のリテラル資料の作成，「2」はディベロッピン
グ工程のビジュアル資料の作成，「3」はレンダリング工程，「4」はエクスプロ
イティング工程の番号である。

4.4.1 ディベロッピング工程：リテラル情報の作成

　ここでは，リテラル資料の中で主要な役割を果たすキャラクターの伝えるス
トーリーのあらすじ，キャラクターの役柄・性格・行動について述べる。

〔1〕　**映像コンテンツのリテラル情報設定**　　図 4.22 は映像コンテンツの

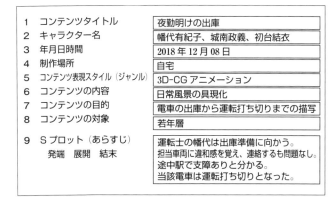

1	コンテンツタイトル	夜勤明けの出庫
2	キャラクター名	幡代有紀子、城南政義、初台結衣
3	年月日時間	2018 年 12 月 08 日
4	制作場所	自宅
5	コンテンツ表現スタイル（ジャンル）	3D-CG アニメーション
6	コンテンツの内容	日常風景の具現化
7	コンテンツの目的	電車の出庫から運転打ち切りまでの描写
8	コンテンツの対象	若年層
9	S プロット（あらすじ） 　発端　展開　結末	運転士の幡代は出庫準備に向かう。 担当車両に違和感を覚え、連絡するも問題なし。 途中駅で支障ありと分かる。 当該電車は運転打ち切りとなった。

図 4.22 コンテンツのリテラル情報の設定（スライド 1.1）[1]

[†] 　なお，本節で紹介する実例は，東京工科大学大学院，メディア学部，香港城市大学，
　　ポーランド University of Silesia in Katowice で，筆者らが行った講義や演習を履修した
　　学生の作品である。

概要を記入するテンプレートである。このテンプレートにはコンテンツタイトル，制作するキャラクター，コンテンツ表現スタイル，コンテンツの内容・目的・対象などを記入する。Sプロットもこのシートに記述する。

〔2〕 **S，Mプロットによるあらすじの制作** 図4.23はS，Mプロットを記入するテンプレートである[4]。このテンプレートは，金子が提案した段階的なシナリオ制作手法[9]に従っている。このテンプレートによって，ストーリーの発端，展開，結末を固めるとともに，キャラクターの性格や行動を明確にする。プロットとは映像コンテンツにおけるあらすじである。ストーリーは，映像コンテンツの最も重要な要素であり，その役割は，鑑賞者やユーザーの興味をひく，

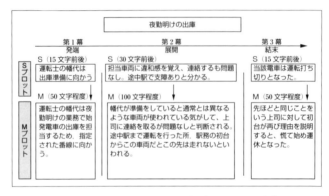

図4.23 S，Mプロットの設定（スライド1.2）[1]

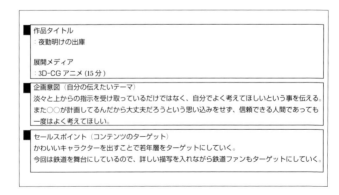

図4.24 コンテンツ制作の基本設定情報（スライド1.3）

感動させる，理解させる，満足させるということなどが挙げられる。このほか，コンテンツ制作の基本設定情報を記入するテンプレート（**図 4.24**）がある。

〔3〕 **キャラクター設定情報の設定** 　図 4.25 にキャラクター設定情報のテンプレートを示す。役柄（役割）のほか，基本設定，外見設定，生活設定，性格設定，能力設定，関連人物と相関関係などを記入する。これらの設定情報をもとにビジュアル化を行うので，このテンプレートを用いて，キャラクター情報を集約することが重要である。

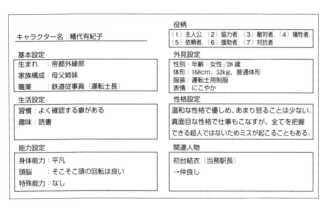

図 4.25　キャラクター設定情報（スライド 1.6）

4.4.2　ディベロッピング工程：ビジュアル情報設定，デザイン原案制作

ディベロッピング工程は，リテラル情報をもとに，デザイン原案を制作したり，キャラクターのデザイン画を描いたり，3D-CG キャラクターモデルを制作したりする段階である。この段階では 多くの参考画像を収集し，それらの一部を利用してコラージュしてデザイン画を描く場合もあれば，コラージュをすることなくデザイン画を描く場合もある。絵を描くことが苦手な場合にデザインイメージをデザイナーやプロジェクトのメンバーに対して，より正確にキャラクターのイメージを伝えるためにコラージュ作業は大切である。ここでは，いままで述べてきた設定情報を利用して，キャラクターのビジュアル情報の制作にあたって，つぎの七つのプロセスについて述べる。

1） キャラクター画像，参考画像の収集

2） キャラクター印象スケールによる画像分類

3） コラージュのための素材や部品の選定

4） コラージュ部品とキャラクターへの配置，色変換処理

5） コラージュ結果とスケッチによる完成キャラクター

6） 印象スケールへの創作キャラクターの配置

7） 3D-CG によるモデリング

〔1〕 **キャラクター画像，参考画像の収集**　　まず，キャラクターデザインを行う前に多数の参考になるキャラクターや自然物か人工物などのオブジェクトなどの画像を収集する。キャラクター設定資料をもとに参考になる画像を収集して一覧できるようにする。この収集作業はデザインを行うときだけでなく，つねに参考画像を収集しておくことが大切である。

〔2〕 **キャラクター印象スケールによる画像分類**　　図 4.26 は，収集したキャラクター画像やオブジェクトなどの分類のためのテンプレートである。このテンプレートのように収集画像を分類することによって，制作したキャラクターの特徴を把握することができる。この印象スケールは，キャラクターディジタルスクラップブックを構築するために用いる形容詞対からなる。

図 4.26　キャラクターの収集と分類（スライド 2.2）

　茂木ら[10] は，表 4.3 に示すキャラクターの印象を表す言葉を抽出し，キャラクター設定のために以下の 12 種類の必要なキャラクター印象スケールにまとめた。「真面目な⇔不真面目な」「荒々しい⇔大人しい」「強気な⇔弱気な」「積極的な⇔消極的な」「陽気な⇔陰気な」「優しい⇔冷酷な」「熱烈な⇔冷静な」「頑固な⇔素直な」「優柔不断な⇔果断な」「保守的な⇔革新的な」「成熟した⇔未熟な」「美形⇔風変わり」「派手⇔地味」である。このキャラクター印象スケールを用いて，個人の感性に基づきキャラクターを分類することができる。大量の画像を利用してキャラクターデザイン参考画像を検索する場合は，ディジタルスクラップブックとしてデータベースを構築することが望ましい。

　〔3〕　**コラージュのための素材や部品の選定**　　キャラクターデザイン原案の作成のために，コラージュを利用したデザイン原案制作について述べる。まずキャラクター分類をもとに，キャラクターを選択する。キャラクター画像の各パーツを切り取り，コラージュを行う。各パーツの拡大縮小，回転，変形を行うとともに，色の変更を行う。

　このようなコラージュ作業のために CharaCollage[11] やフォトレタッチソフトである Photoshop などを利用する。コラージュソフトなどを用いて作成したキャラクターデザイン原案を参考にして手描きのスケッチを行ったり，フォトレタッチソフトを用いてキャラクターを描いたりする。線画だけでデザイン原案にする場合や着色したデザイン原案にする場合もある。

　コラージュ結果をもとにスケッチしたり，着色したりすることによって，キャラクター原案が制作者自身のキャラクターとして個性が出てくる。このような「選択し調整する」という作業により，キャラクターを生成することにより，プロデューサーやディレクターなどのビジュアル作業を支援することができる。

　熟練した技術を持つデザイナーやクリエイターはデザイン原案の作成において，コラージュ作業を省略して，スケッチでデザイン画を描くことも可能である。また，プロデューサーやディレクターから，「この俳優のこういうイメージ」ととか「この絵画の雰囲気にあったキャラクター」とかビジュアル資料と

同等の情報を与えられることもある。熟練者でない場合には，ビジュアル化に
コラージュ手法を使いながら，ビジュアル化を行い，制作における適切な資料
を制作できることが大切である。

　図4.27にコラージュ部品の選定例を示す。四角の枠は収集した参考キャラ
クター画像のパーツを選定した結果である。**図4.28**は選定したキャラクター
画像のコラージュ部品の選択とそのパーツを組み合わせたコラージュ結果を示
す。結果とそれをもとにした鉛筆によるスケッチ例，さらにそれをスキャンし
て，フォトレタッチソフトで彩色したキャラクターの描画例を示す。

（a）長い髪と　（b）衣服の形　（c）魔法使いの　（d）翼のような　（e）ほうき
　　装飾バンド　　　と色　　　　　帽子　　　　　　マント

図4.27 コラージュ部品の選定（スライド2.3）

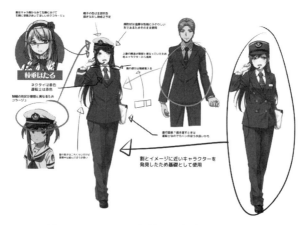

図4.28 コラージュ部品の選定（スライド2.3）

〔4〕　**コラージュ部品とキャラクターへの配置，色変換処理**　　ここでは，コラージュ結果とそれをもとにした鉛筆によるスケッチ例，さらにそれをスキャンして，フォトレタッチソフトで彩色したキャラクターの描画例を示す。

図 4.29 に，コラージュ結果とそれをもとにした線画スケッチの例を示す。図 4.30 はコラージュ作業をすることなく，アイデアスケッチを多数描くことにより，デザイン原案を制作した例である。このような場合においてもプロットやキャラクター設定のリテラル資料は重要であり，アイデアスケッチなどを行う場合に，制作するキャラクターが設定に合っているかを確かめる必要がある。図 4.31 は図 4.30 のスケッチをもとに，デザイン原案を制作した例である。

図 4.29　コラージュ結果（スライド 2.5）

図 4.30　コラージュ作業に代わるさまざまなアイデアスケッチ（スライド 2.5）

図 4.31　アイデアスケッチをもとにしたキャラクターデザイン原案の結果（スライド 2.5）

〔5〕　**コラージュ結果とスケッチによる完成キャラクター**　　図 4.32, 図
4.33 は, コラージュ結果をもとに, スケッチを行い, 着色したデザイン結果
である。このようにしてキャラクター設定に基づくキャラクターのデザイン原
案を制作できる。

　図 4.34, 図 4.35 は, 登場キャラクターのリテラル情報とビジュアル情報を
まとめて示すテンプレートである。これによって, リテラル設定情報にあった
ビジュアル情報になっているかの確認を容易に行うことができる。

（a）　コラージュ結果　（b）　鉛筆によるスケッチ　（c）　彩色結果

　　キャラクター名：ルイン
　　　・デザイン原案のクオリティが高かったので, 原案を再現
　　　・キャラクターの性格に合わせてポーズを変えた
　　図 4.32　コラージュをもとにしたキャラクターの個性化（スライド 2.6）

図 4.33　コラージュをもとにしたキャラクターの個性化（スライド 2.6）

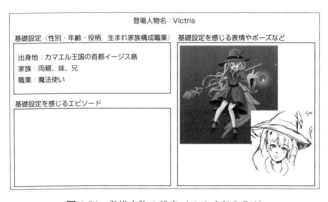

図 4.34　登場人物の設定（スライド 2.7.1）

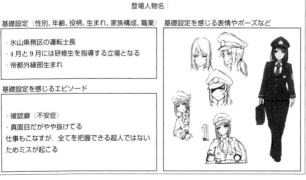

図 4.35　登場人物の設定（スライド 2.7.1）

〔6〕 **印象スケールへの制作キャラクターの配置** 図 4.36 は,制作キャ
ラクターの印象空間への配置による印象分析の例である。テンプレートスライ
ド「2.2 キャラクターの収集と分類」で収集した画像と一緒に配置すること
によって,キャラクターの印象を確認することができる。複数の印象スケール
を利用してデザイン結果を確認することも大切である。設定情報や制作意図に
合っていない場合は,デザイン作業をやり直すことになる。

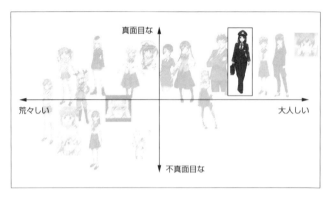

図 4.36 キャラクター分類と制作キャラクターの配置(スライド 2.7.6)

〔7〕 **3D-CG によるモデリング** 図 4.37,図 4.38 は,デザイン原案をもと
に 3D-CG システムを利用して,キャラクターモデルを制作した例である。こ
のキャラクターモデリングはモデラーが行う工程である。3D-CG アニメーショ
ンを制作する場合の工程となる。

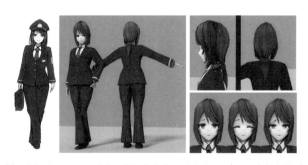

図 4.37 3D-CG モデリングによるキャラクター(スライド 2.7.7)

図 4.38 3D-CG モデリングによるキャラクター（スライド 2.7.7）

4.4.3 レンダリング工程：キャラクターの特徴化

レンダリング工程ではキャラクターの特徴を引き出すポーズ，表情やコンテンツに当上場するキャラクターリスト，キャラクター相関図の制作，さらに背景や環境の作成を行う。

図 4.39 にキャラクターのポーズと表情集を示す。この例では表情集は線画スケッチであるが，彩色をすることもある。**図 4.40** の例はスケッチによってポーズと表情を示している。制作者同士の意思疎通のためには，このようなスケッチでいい場合もある。

図 4.39 キャラクター設定：ポーズと表情集（スライド 3.1）

図 4.40　キャラクター設定：ポーズと表情集（スライド 3.1）

図 4.41，図 4.42 はキャラクターの表情の種類とその表情をするときのエピ
ソードを簡単にまとめた例である。図 4.43 はコンテンツに登場するキャラク
ターリストであり，キャラクターの特徴を比較することができる。また，図
4.44 は，キャラクターの相関図である。登場キャラクターの関係の理解を助
けるように描くことが必要である。

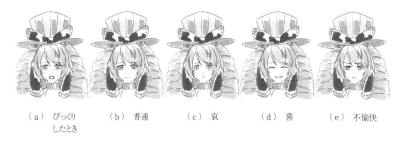

（a）びっくり　　（b）普通　　　（c）哀　　　（d）喜　　　（e）不愉快
　　　したとき

図 4.41　キャラクター設定：表情とエピソード（スライド 3.3）

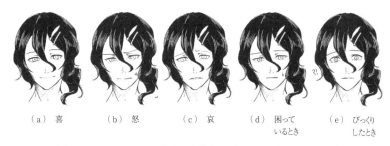

（a）喜　　　　（b）怒　　　　（c）哀　　　（d）困って　　　（e）びっくり
　　　　　　　　　　　　　　　　　　　　　　いるとき　　　　したとき

図 4.42　キャラクター設定：表情とエピソード（スライド 3.3）

（a）ハサン　（b）サカナ　（c）XXX　（d）ラフェル

図 4.43 キャラクターリスト（スライド 3.4）

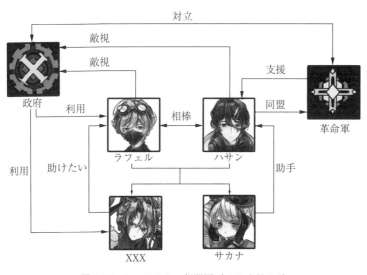

図 4.44 キャラクター相関図（スライド 3.5）

図 **4.45** は舞台や背景などのビジュアル情報となる画像制作の例である。コンテンツのシーンで特徴になる舞台や背景を描くことで制作意図を示すことができる。

（ａ）
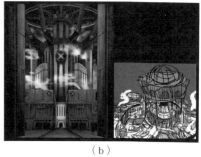（ｂ）

図 4.45　ビジュアル情報：舞台，背景などの画像制作（スライド 3.7）

4.4.4　エクスプロイティング工程

エクスプロイティング工程では，公開する 1 次コンテンツを制作するための演出やキャラクターのアクションを含めたアニメーション制作を行う。

図 4.46 はシーンの流れを確認するためのストーリボードである。図 4.47，図 4.48 はライティング設定，図 4.49 はカメラワーク設定を示す。これらは，ストーリーボードに指示されたことをもとに，アニメーションにするためにより具体的にするために用いるテンプレートである。

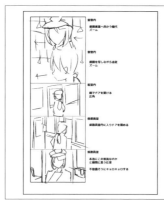

図 4.46　ストーリーボード（スライド 4.1）

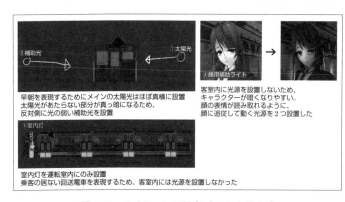

図 4.47　ライティング設定（スライド 4.3）

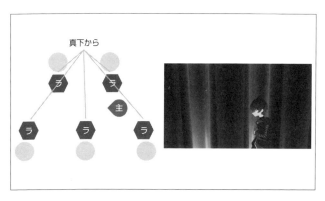

図 4.48　ライティング設定（スライド 4.3）

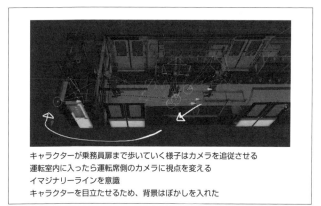

図 4.49　カメラワーク設定（スライド 4.4）

　図 **4.50** は，制作した CG アニメーションの例である。3D-CG キャラクター
モデルと電車を利用してアニメーションを制作している。**図 4.51** は，3D-CG
システムによって制作した背景に，Live 2D によるキャラクターを利用してア
ニメーションを制作している。

図 4.50　CG アニメーション（スライド 4.5）

図 4.51　CG アニメーション（スライド 4.5）

演 習 問 題

〔**4.1**〕　キャラクター産業と映像産業の構造，およびその特徴についてまとめなさい。

〔**4.2**〕　映像コンテンツにおけるキャラクターとは何かを書きなさい。

〔**4.3**〕　キャラクター制作プロセスをまとめ，その特徴と課題を書きなさい。

〔**4.4**〕　CG キャラクターと俳優の関係についてまとめなさい。

〔**4.5**〕　キャラクターメイキングの手順の概要をまとめなさい。

〔**4.6**〕　キャラクターとシナリオの関係についてまとめなさい。

〔**4.7**〕　ディベロッピング段階における手法を書き上げ，その必要性について述べ
なさい。

〔**4.8**〕　ディジタルスクラップブックの考え方とその有用性を書きなさい。

〔**4.9**〕　キャラクターデザインにおけるさまざまなキャラクター画像やオブジェクトの参考画像の有用性についてまとめなさい。

〔**4.10**〕　映像コンテンツ制作における DREAM プロセスの有用性と改良点をまとめなさい。

発展問題

キャラクターメイキング手法に基づき，つぎの手順に従って，キャラクターを制作しなさい。

〔**4.11**〕　制作する映像コンテンツのためのストーリーのあらすじとキャラクター設定をまとめなさい。

〔**4.12**〕　参考となるキャラクター画像やオブジェクト画像を収集し，キャラクタースクラップブックを作りなさい。

〔**4.13**〕　コラージュシステムまたはフォトレタッチでキャラクター画像を制作しなさい。または参考画像をもとにデザイン原案を作画しなさい。

〔**4.14**〕　コラージュ画像をもとにスケッチ・彩色して，オリジナルキャラクターを制作しなさい。

〔**4.15**〕　3D-CG システムを用いてキャラクターを制作しなさい。

〔**4.16**〕　3D-CG キャラクターの表情を生成しなさい。

〔**4.17**〕　3D-CG キャラクターの特徴的なポーズを作りなさい。

〔**4.18**〕　3D-CG キャラクターの特徴的な動きをアニメーションで示しなさい。

〔**4.19**〕　登場キャラクターをもとに，キャラクターリストを作成しなさい。

〔**4.20**〕　設定資料をもとに，特徴的なシーンの背景を作成しなさい。

〔**4.21**〕　設定資料とストーリーボードをもとに，特徴的なシーンのアニメーションを作成しなさい。

5章 キャラクターデザイン

◆ 本章のテーマ

本章ではキャラクターの外見的要素となるキャラクターデザインについて述べる。キャラクターデザインはキャラクターを構成する外見と設定，ストーリーの三つの要素のうちの外見をデザインすることであり，設定とストーリーを反映した制作が求められる。本章ではこれらのデザインの考え方と独自開発したキャラクターメイキングのための原案支援システムと手法について説明する。

◆ 本章の構成（キーワード）

5.1 キャラクターデザインの概要
      キャラクターデザイン，暗黙知と形式知，ディジタルスクラップブック，デザイン原案
5.2 キャラクターの表情
      表情集，形状変形
5.3 キャラクターの配色デザイン
      配色のシミュレーション，配色とキャラクター
5.4 3D-CG パーツスクラップブックによるキャラクター形状デザイン
      ロボットデザイン，パーツスクラップブック

◆ 本章を学ぶと以下の内容をマスターできます

☞ キャラクターの外見デザインの重要性とその役割
☞ クリエイターの暗黙的知識の形式知化について
☞ キャラクターの表情制作の重要性とその目的
☞ キャラクターの配色デザインの重要性
☞ 色々なキャラクター制作のための支援システム開発

5.1　キャラクターデザインの概要

5.1.1　キャラクターデザイン

　キャラクターデザインとはキャラクターの髪型や服装，表情などの外見的要素を制作することである。よく混同されるのがイラスト制作である。イラストとの大きな違いとして，キャラクターは外見と設定とストーリーで構成されている。そのため，キャラクターの外見をデザインするうえで最も重要なことは，設定やストーリーを反映させた外見をデザインしなければならないということである。

　例えば現実に近い世界観設定のアニメーション作品やテレビドラマの中で，高級スーツを身にまとう紳士のキャラクターが登場すれば，お金持ちなのかなという印象を抱くように，外見に準じた設定やストーリーを視聴者は思い浮かべる。このように実在する人間と同様にキャラクターの外見的要素は設定やストーリーを伝える機能がある。

　キャラクターデザインとはそれぞれの作品世界の社会的地位や家族構成，生い立ちなどの設定や過去や現在のエピソードやストーリーを反映しているものであり，それらを視覚的に表現することを目的とした行為である。したがって，イラストや絵画のような自由表現をするわけではなく，視聴者に対して創作者の意図を正確に伝えるために描くことが重要なのである。

5.1.2　暗黙的知識と形式知

　キャラクターデザインのプロセスは**図5.1**のような流れで行われることが多い。クリエイターは設定やストーリーなどのリテラル資料に基づいてキャラクターの外見を制作するが，そのために資料を収集しデザインの原案を制作するという工程を何度か繰り返すことで最終のデザインを検討してから決定する。

　デザインに起こす工程はクリエイターの技量である経験と感性に依存している。この段階はクリエイターごとにさまざまな手法が用いられているため，暗黙的知識を用いた工程と考えることができる。暗黙的知識とは説明しにくい知

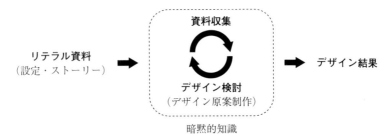

図 5.1　キャラクターデザインのプロセス

識や技能のことであり，例えば自転車の乗り方を上手に説明することが難しいようなことなどと同様の知識と技能である。このように資料収集から形状デザインを起こす工程は複雑である。これらの暗黙的知識を活用するための方法として，4章ではリテラル資料の整理と外見デザインのためのテンプレートを紹介した。ここではキャラクターデザインにおけるクリエイターの暗黙的知識を形式知とすることで，制作に活用できるデザイン原案制作のための方法を紹介する。

5.1.3　ディジタルスクラップブック

　クリエイターの暗黙的知識は前述した通り経験と感性であり，それらを用いてキャラクターの外見をデザインする。制作の方法はクリエイターによってさまざまだが，一つ共通点が存在する。それは既存作品を参考にすることである。クリエイターは既存作品のキャラクターの印象やデザインをつねにさまざまな形で蓄積している。その要素は配色や髪型，体型，表情など多岐に渡り，それらを意識的もしくは無意識に利用して新たなデザインを創作している。これらの作業は膨大な労力を必要とし，産みの苦しみなどとよくいわれている。ここではデザインに関して共通する作業を効率化するためにディジタルスクラップブックを用いたデザイン原案制作方法を紹介する。

　図 5.2 にディジタルスクラップブックを用いたデザイン原案制作方法を示す。形式知化の工程は既存のキャラクターを収集する。つぎに印象やデザインをクリエイターが利用しやすい形である構成要素にする。その後ディジタルス

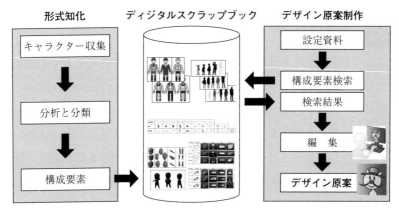

図 5.2 ディジタルスクラップブックを用いたデザイン原案制作

クラップブックに構成要素を蓄積する。その蓄積された構成要素をデザイン原案制作工程で利用しデザイン作業を効率化するという流れである。

　形式知化の工程でディジタルスクラップブックが蓄積するキャラクターの要素はさまざまである。一つ例を挙げるとすれば，既存のキャラクターデザインの印象を蓄積するシステムである。

　このシステムでは印象スケールを用いて収集した既存のキャラクターの画像に各印象スケールの度合いを決め，そのキャラクターのストーリー上の役割を選択する。なお，この役割とはシナリオの登場人物の役割である。

　これらのキャラクター画像と印象スケールの値と役割を構成要素としてディジタルスクラップブックに蓄積する。

　デザイン原案制作工程ではディジタルスクラップブックに保存した画像データや印象スケールを参考にコラージュ手法でキャラクターの外見を制作する。

　このようにクリエイターが行う暗黙的知識のデザイン作業の一部をコンピュータに行わせることによって，クリエイターの負荷を軽減しデザインの品質向上もしくは効率化を期待できる。

　これらディジタルスクラップブックを用いたデザイン手法やデザインシステムは表情や配色，形状デザインなど多数ある。本章ではこれらを紹介する。

5.2 キャラクターの表情

　クリエイターは，キャラクターのスケッチに基づいて，ヘアスタイルや衣装を決めながら表情集を制作する。表情集に掲載するおもな表情の種類は，**喜び・悲しみ・驚き・恐怖・怒り・嫌悪**という6種類である。これらの基本感情に基づいて，多くの表情を作る。特にシナリオの中で示されている感情を表すシーンをもとに，ストーリーやそのシーンに合う表情を作る。表情は，目，口のほんのわずかの動きから生まれるので，既存のキャラクターの表情集を調べたり，自分の顔で表情を作ってみたりすることが必要である。**図**5.3にスケッチによる表情集の一部を示す。

図5.3　表情集の例〔提供：岡本直樹〕

　3D-CGでキャラクターが作られるようになってもデザイナーが2次元画像でキャラクターの表情を決め，表情集を作成している。このため，2次元画像で描かれた表情をもとにして，3D-CGキャラクターの表情を制作することになる。

5.2.1　3D-CGキャラクターの表情表現 [1]

　ここでは，3D-CGキャラクターの半自動表情作成システムについて紹介する。スケッチされた表情集から抽出した顔の表情時における移動値を3D-CGキャラクターに適応する工程を半自動化するシステムについて述べる。デザイナーが描いた表情集をもとに3D-CGキャラクターの表情を制作するとき，表情の特徴を活かしたモデリングをするためには熟練した技術が必要とされてい

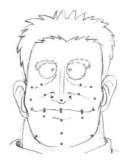

図 5.4 移動値の摘出箇所

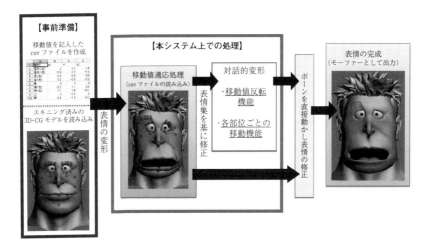

図 5.5 3D-CG キャラクターの表情作成システム

図 5.6 キャラクターの表情集に基づく 3D-CG キャラクターの表情生成

る。この作業を支援するために，デザイナーの描いた表情集から表情の変化を移動値として抽出し，その抽出した移動値を用いて3D-CGキャラクターの顔を変形するシステムを提案した。目片側8か所・眉毛片側10か所・口11か所・頬片側4か所・鼻3か所・あご4か所の計62か所から移動値を抽出する（**図5.4**）。

この移動値をもとに**図5.5**に示すようなシステムを構築した。これには，表情集から抽出した移動値を読み込み，適応する機能，片側の移動値を反転し反対側に適応する機能，各部位ごとにまとめて縦・横移動させる機能などで構成されている。

図5.6に2次元スケッチのキャラクターの表情とそのスケッチの表情をもとに，3D-CGキャラクターモデルの表情を制作した例を示す。

5.2.2　キャラクターの表情の分類と活用 [2]

ここでは表情制作時におけるアイデアの枯渇に対してスクラップブックを用いて支援を行うシステムについて述べる。原画や動画といった作画制作者はそれぞれの場面に合った多くのキャラクターの表情を描くことができなければならない。多くある参考資料と描いてきた経験からキャラクター表情の表現を使い分けることは熟練を要する作業である。この熟練を要する作業を軽減するためにディジタルスクラップブックを用いた表情作成支援方法を紹介する（**図5.7**）。

このシステムは既存のアニメキャラクター61体を選定して763の場面の表情の画像とその場面の感情を収集している。収集したキャラクターの顔の表情の調査において，大きく形状が変化した眉毛と目と口の三つのパーツの形の分類すると，**表5.1**のように眉毛のパーツは9パターン，目は11パターン，口は12パターンに分けることができる。感情表現は「喜び」「怒り」「悲しみ」「驚き」「恐怖」「不安」「恥ずかしがり」「嫌悪」「悩み」の九つに分けることができる。これら三つのパーツとその組合せの情報と感情を構成要素としてディジタルスクラップブックに蓄積している。

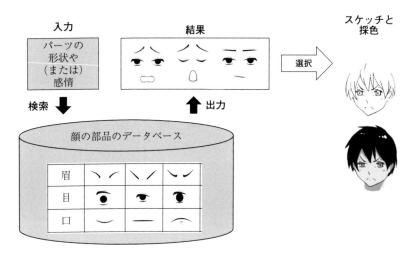

図 5.7　表情制作のためのディジタルスクラップブック

表 5.1　眉と目，口のパターン

	1	2	3	4	5	6
眉 (B)	╲╱	╲╱	╲╱	⌢⌢	— —	⌣⌣
目 (E)	◉	◉	◉	◉	◕	
口 (M)	⌣	—	⌢	Ɛ	⬯	◁
	7	8	9	10	11	12
眉 (B)	⌢⌢	╱╲	╱╲			
目 (E)	—	＞	⌣	○	◔	
口 (M)	⬭	⌐	⌣	○	⬮	▢

　クリエイターはこれらの感情に紐づいた表情のスクラップブックのデータを参考に新たな表情の制作が可能となった。各パーツを用いて制作した例を**表 5.2**に示す。

表5.2　スクラップブックによる表情の制作例

入　力	B：7，7 E：5，5 M：11，11	B：3，3 E：2，2 M：5，7	B：3，3 E：5，5 M：3，3	B：2，2 E：4，4 M：7，7	B：9，9 E：9，9 M：11，11
結　果					
スケッチ					

5.3　キャラクターの配色デザイン

　キャラクターの配色は設定やストーリーに合わせたキャラクターの印象を決定する大事な要素である。

　キャラクターの衣装を含めた配色デザインの決定はキャラクターデザインの工程で決定される。しかし，この配色作業は原案をいくつも用意して検討するためキャラクターの人数が多くなればなるほど時間のかかる作業である。このため配色案を素早くシミュレートする必要がある。これらの配色作業の支援を目的として，ここではキャラクターの配色シミュレーションシステムについて述べる。

5.3.1　キャラクターの配色シミュレーションシステム [3),4)]

　キャラクターの配色はキャラクターの性格や設定，作品の世界観などを考慮して決められる。既存のキャラクターに使用されている配色を参考にし，**イメージカラー**と呼ばれる色の組合せから感じる印象や色の面積比による印象の違いなどをキャラクター配色に活かすことで，キャラクター配色を決定付けるための判断材料が増え，配色の幅が広がる。これによって，直感的にキャラク

ターの配色を決定することが可能となる。

アニメーション制作において色彩専門のスタッフがキャラクターの配色を決めるときに，より多くの配色のアイデアをシミュレーションできるようにすることが必要で，多くのアイデアからキャラクター配色デザインを支援することが望まれている。

ここでは，既存キャラクターの配色をデータ化し配色用キャラクターテンプレートに登録し，自分の作り出したいキャラクターの配色を検索，シミュレーションするシステム（**図5.8**）について紹介する。

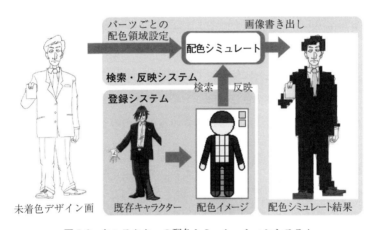

図5.8 キャラクターの配色シミュレーションシステム

〔1〕 **配色のためのキャラクターテンプレート** キャラクターの配色を決めるために，学生服，スーツ，白衣，着物などの既存の服装からオリジナルにデザインされた服装まで幅広くさまざまな服飾パーツに対応するテンプレートの作成をする。このために，髪・首・肩・三分袖・五分袖・七分袖・長袖・胸上・胸下・腰・股下・膝上・膝下・足首・靴・靴先・コート・ネクタイの18のパーツラインで分割した58領域のキャラクターテンプレートを作成した（**図5.9**）。

また，既存のキャラクターの配色をこのテンプレートに登録することで配色イメージのライブラリ化を行うことができる。

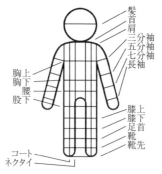

髪
首
肩
三分袖
五分袖
七分袖
長袖

胸上
胸下
腰
股下

膝上
膝下
足首
靴
靴先

コート
ネクタイ

図 5.9 キャラクター
テンプレート

〔2〕 **配色の登録**　登録した既存キャラクターの配色イメージを新規で作成した未着色のデザイン画へ反映する手法について説明する。まず，未着色のデザイン画を用意し，それに対して髪，肌，服装などのパーツごとに領域設定を行う。このキャラクターに使われている配色をそれぞれ髪1色・肌1色・服装1色・装飾品2色の計7色に反映させる。また，服装3色・装飾品2色の5色はそれぞれキャラクターに使用されている色面積の多い順に設定する。

　登録したキャラクターデータを検索し，キャラクターデザイン原案に反映させる。検索はそれぞれパーツごとに髪1色・肌1色・服装3色・装飾品2色の計7色に分かれており，それらを赤・橙・黄・黄緑・緑・青緑・青・青紫・紫・赤紫の合計10種類で検索することができる（**図5.10**）。

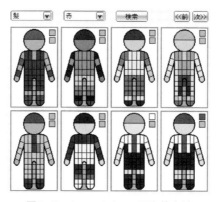

図 5.10　キャラクターの配色検索例

〔3〕　**配色の検索と配色シミュレーション**　　登録したキャラクターデータをもとに，線画のデザイン原案の配色を決定する。まず，未着色のデザイン原案の画像を読み込む。つぎに髪1色，肌1色，服装の3色・装飾品2色の計7色のベースとなるカラーの領域を設定する。カラー領域設定後に登録済みの配色を検索する。これらの中から配色を選択することによって，キャラクター線画のカラー領域ごとに色が決められ，配色シミュレーション結果（**図5.11**

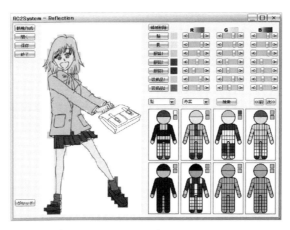

（a）　キャラクターの配色シミュレーション

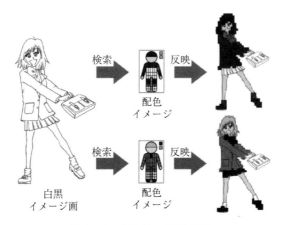

（b）　キャラクターの配色変更

図5.11　キャラクターの配色シミュレーション

（a ））が表示される。ここで，配色結果が意図した印象と異なる場合は図（b ）
に示すように，別の配色の検索結果を用いて同様にキャラクターの配色を得
る。また，一部の色を変更したい場合は，その部分の領域を指定して独自に色
変更を行うことができる。登録作業の効率化のためにこのような配色登録を自
動化するための研究も進める必要がある。

5.3.2 集団キャラクターの配色シミュレーションシステム

　映像コンテンツのキャラクターはそれぞれ役割を持って作品に登場する。そ
のためキャラクターが一人ということは珍しく，多くは集団を形成している場
合が多い。そのため配色を行ううえでもそれぞれのキャラクターの関係性を考
慮したデザインが求められる。そのため，キャラクターの役割などの設定情報
を含む形で調査を行い，それらをスクラップブックとしてライブラリ化した。
ここでは，キャラクターの関係性を反映した配色支援のためのシミュレーショ
ンシステムについて述べる（**図5.12**）。

図5.12　関係性を反映した配色シミュレーションシステム

〔1〕 **配色登録のためのテンプレート**   既存キャラクターの配色を収集するために**図**5.13のテンプレートを作成した。新たに各キャラクターの配色の面積や位置を調査した結果をもとに，図5.9に首・手首・二の腕・足の爪先・コートの表地などにあたる領域を追加した。このテンプレートを使用した際のキャラクターの配色情報は，図5.10のテンプレートの58領域から80領域に増えたことでより詳細に配色を記録することができる。詳細に記録することが可能となり制服などのデザインの差がほとんどないような微細な配色も取得可能となる。

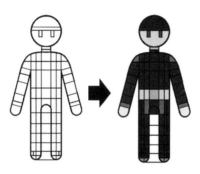

図5.13　配色テンプレート

〔2〕 **配色との関連性のある設定情報**   設定情報は「集団の人数」「集団の意図」「配色パターン」「作品キーワード」で構成されており，それぞれの設定項目から選択して任意の配色を行うことができる。集団の人数はグループを構成するキャラクターの人数である。集団の意図はグループの社会的な属性を示す。

　配色パターンは，制服など一部のデザインが違うものや戦隊もののようにキャラクターごとに代表的な色を持っている配色などに分かれている。作品キーワードは14項目の世界観やジャンル別に分かれている。

〔3〕 **配色シミュレーションシステム**   配色シミュレーションシステムでは，既存のキャラクターの配色情報と作品情報から集団配色を検索し，配色のシミュレートを行う（**図**5.14）。手順は，以下の通りである

図5.14 集団配色シミュレーション

1）キャラクター達の線画を読み込む。

2）それぞれの線画に配色を反映させる11の領域を指定する。

3）設定情報や色から登録した既存の配色の検索を行う。

4）検索結果から配色を選択する。色の変更を行い，好みの配色ができるまでシミュレーションを行う。

5.4 3D-CGパーツスクラップブックによるキャラクター形状デザイン

連続テレビアニメは1963年に「人型ロボット」が主人公である『鉄腕アトム』からスタートし，現在は「スポーツ」「SF」「ギャグ」「学園」「アイドル」「魔法少女」などさまざまなジャンルで1年間に200本ほど放送されている。その中の一つに巨大な「ロボット」が登場する「ロボットアニメ」というジャンルが存在する。『機動戦士ガンダム』『超時空要塞マクロス』『新世紀エヴァンゲリオン』など今日まで「ロボット」が登場するアニメが数多く作られてきた。

アニメに登場するロボットは人間キャラクターとは違い，基本的に日常生活において目にすることはない架空のキャラクターである。そのためロボットを

描くためには専門的で特殊な知識と技能が必要になってくる。具体的には科学技術や魔法技術などの作品独自の世界観をデザインに反映させることや，人型キャラクターと違いプロダクトデザインのような3次元の形としての整合性が取れていることが必要である。

ロボットデザインのプロセスの初期段階では，2次元のスケッチからアイデアを展開するのだが，前述したように特殊な技能が必要なためだれもがアイデアを形に起こすことが難しい。ここでは，アイデアを展開する段階での支援として開発したロボットデザイン原案制作支援システム[5),6)]について紹介する（図5.15）。

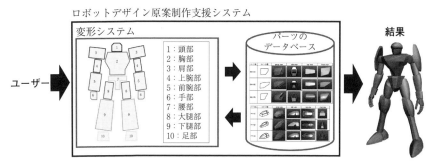

図5.15 ロボットデザイン原案制作支援システム

5.4.1 3D-CG ロボットパーツ

ロボットキャラクターはメディアミックスなどを考慮してプラモデルやフィギュアなどへの展開も含まれるため，3D-CGで制作する場合が一般的である。そのため，3D-CGモデルのロボットパーツを組み合わせることで原案を制作するシステムである。原案の段階から3D-CGデータを作成することで後工程のデザインに原案データを活用できることとなる。したがってロボットデザインのための3D-CGパーツを作成するために既存ロボットの調査から図5.16のように10の領域に分けた。それぞれの領域のデザインを分類し3面図を起こして75の3D-CGパーツを作成した（図5.17）。

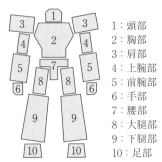

1：頭部
2：胸部
3：肩部
4：上腕部
5：前腕部
6：手部
7：腰部
8：大腿部
9：下腿部
10：足部

図 5.16 ロボットの 10 の領域

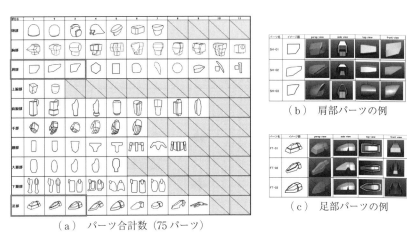

（a） パーツ合計数（75 パーツ）

（b） 肩部パーツの例

（c） 足部パーツの例

図 5.17 ロボットのための 3D-CG パーツ

5.4.2 ロボットデザイン原案制作支援システム

このデザイン支援システムは Autodesk の 3dsMax のプラグインとして作成した。**図 5.18** に起動時のインタフェースを示す。

① では 3 次元パーツを入れ替えたい部位の選択を行い，② ではパーツの種類を選択し，パーツを入れ替える。③ では変形させたいパーツを選択し，④ は ③ で選択したパーツをスライドバーで拡大縮小させることができる（**図 5.19**）。なお，あらかじめ用意したポーズを反映させる機能も実装されている。

システムを用いてポーズを制作した例を**図 5.20** に示す。これらの制作時間は短時間で制作可能なため多くのデザインを検討することができる。

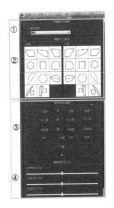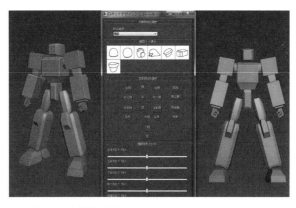

図5.18 ロボットデザイン原案制作支援システムインターフェイス

図5.19 ロボットデザイン原案制作例

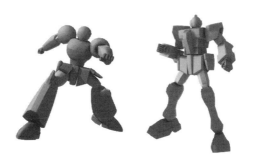

図5.20 ポーズ制作例

演 習 問 題

〔**5.1**〕 ディジタルスクラップブックの考え方とその有用性を書きなさい。

〔**5.2**〕 キャラクターの表情を制作しなさい。

〔**5.3**〕 ロボットデザイン原案制作支援システムを用いてデザイン原案を制作しな
さい。

6章 演出・ミザンセーヌ

◆ 本章のテーマ

　本章では映像コンテンツにおける演出とミザンセーヌについて述べる。演出やミザンセーヌでは，3〜5章までに述べたシナリオとキャラクターを繋ぎ，映像として何をどのように見せるかを設計する。そこで本章では，この演出設計の考え方と支援システムについて説明する。

◆ 本章の構成（キーワード）

6.1　演出・ミザンセーヌの概要
　　　演出，ミザンセーヌ，ストーリーボード（絵コンテ），アニマティクス，
　　　プレビズ，演出設計

6.2　演出のためのライティング
　　　ライティング（照明），ライティングスキーム（照明設計），感情演出，ライ
　　　ティングスクラップブック，人物照明，背景照明

6.3　演出のためのカメラワーク
　　　カメラワーク，構図，カメラアングル，ショットサイズ，回避カットの設
　　　計支援システム

◆ 本章を学ぶと以下の内容をマスターできます

☞ 映像コンテンツ制作における演出・ミザンセーヌの重要性

☞ キャラクターの印象を作り上げるための照明の役割

☞ シーンやカットの見え方を決めるカメラワークの役割

6.1　演出・ミザンセーヌの概要

　4.3節で述べたDREAMプロセスの**エクスプロイティング**段階（図4.7）に含まれる**ミザンセーヌ**（mise-en-scène）とは，フランス語で「その舞台に乗せる」という意味で，従来舞台演出の用語[1]である。このミザンセーヌの目的は，一言でいえば作品やシーンに合わせた「雰囲気を作る・高める」ことである。そのため，広い意味でのミザンセーヌは本来何か単独の工程の作業を示すものではない。各制作工程にかかわるスタッフそれぞれが，作品で表現すべきテーマに向けたコンセプトを持って行う創作行為の総称といえる。したがって，例えばシナリオライターがシナリオを執筆するために考えるべきミザンセーヌもあれば，キャラクターのデザインを行うために考えるべきミザンセーヌも存在する。これはミザンセーヌと似た意味合いで用いられる日本語の**演出**も同様である。演出を演出家やそのアシスタントの仕事ととらえると，例えばキャラクターを演じる俳優のキャスティングまで含めて演出と考えられることもある。

　一方で，映像コンテンツでは当然のことながら，ストーリーもキャラクターの設定も，最終的にはすべてを映像として見せなければならない。したがって，映像コンテンツ制作においてミザンセーヌと演出に共通したゴールの一つは，前述の雰囲気をシーンやカットに落とし込むことであるといえる。このシーンやカットをどのような映像にするのか，何をどのように視聴者に見せるのかを具体的に検討する第一段階が**ストーリーボード**（**絵コンテ**）の制作である。

　4.3.6項で述べたように，ストーリーボードは映像コンテンツの設計図である。カット番号をはじめ，シナリオに記述されたト書きをもとにしたキャラクターの動きなどのカットの説明文や，カットごとの尺（時間的な長さ）などが文字情報として記載される。さらにストーリーボードでは，キャラクターの配置やカメラのアングル，ショットサイズ，カメラワークといった，画としての構図やカメラの動かし方，キャラクターなどの見え方がわかるような絵が描か

れる。これらのことから，ストーリーボードでは一つ前の中間生成物であるシナリオと比べ，映像としての見え方や，各種タイミングを重視した設計図であることがわかる。

このストーリーボードはあくまでも静的な設計図であるため，具体的なキャラクターやカメラの動き，タイミングが伝わりづらいことがある。そのため，ストーリーボードに描かれた絵を切り出して動画化したビデオコンテや**アニマティクス**と呼ばれる中間生成物が制作されることもある。また，3D-CG 制作のコストが下がったことや，実写と CG をリアルタイムに合成することが可能になって以降は，簡易的な 3D-CG モデルを用いた**プレビズ**（**Pre-Viz**）が行われることも多い。

これらを制作する目的はおもに本制作に入った後に起こるリテイク（作り直し）を減らすことである。プレビズを行うことで，ディレクターやプロデューサーといった作品の方針や企画をまとめるスタッフと，実際に映像を撮影・制作するスタッフの間のコミュニケーションギャップを減らすことができる。さらに，演出やミザンセーヌに大きくかかわるメリットは，プレビズを行うことで，ストーリーボードで考えたカットの見え方やタイミングが，本制作に入る前に検討できることである。

これらの事例からわかるように，映像コンテンツ制作において，作品やシーンの雰囲気を視聴者に強く印象付けるため，何をどのように見せるのかを検討することは非常に重要である。本書ではこの検討を**演出設計**と呼ぶ。次節からは，この演出設計においてカットの見え方に大きく影響するライティングとカメラワークについて説明し，その設計支援システムについて紹介する。

6.2　演出のためのライティング

ライティング（**照明**）は，映像コンテンツ制作において，映像が与える印象に強くかかわり，作品のクオリティを大きく左右する非常に重要な要素である。**図 6.1** は同一条件化でライティングのみを変化させた場合の比較画像であ

図6.1　3種のライティング結果の比較

る。このように，ライティングを変化させるだけでも画像の印象は大きく異な
る。これからわかるように，制作者はライティングによって映像の中に自分の
演出意図に沿った感情や雰囲気，効果を作り出すことができる[2]。

　そのため，ストーリーやテーマを持った映像作品を制作する際には単に撮影
のための最低限の照度を得るだけでは十分とはいえず，明確な意図を持って照
明を行うことが大切である。このため「**ライティングスキーム**（照明設計）を
構成するさまざまな個々の光源を慎重に決定した位置に配置すること[3]」に留
意して設計することが望まれる。つまりライティングは，単純にライトを設置
するだけではなく，その設計自身が重要である。

6.2.1　キャラクター演出のためのライティング[3],[4]

　演出のためのライティングを設計する際には，既存作品の照明ノウハウを参
考にすることで，作りたいカットの内容に合わせたライティングを効率的に設
計することができる。そこで本節では，既存作品のライティング情報をまとめ
たスクラップブック（**図6.2**）について紹介する[4],[5]。このスクラップブック
では既存作品の照明ノウハウに関して，① 参考にした実写映像のタイトル，
② 元画像（実写画像），③ ライティングを再現した3D画像，④ ライトの配置
図，⑤ 各ライトの強度，⑥ キーフィル比，⑦ 元画像の登場人物の感情の7項
目を調査し，記録してある。これらの情報は，キャラクターの感情をキーワー
ドに検索できる。

　このスクラップブックで使用した感情は感情を表す言葉は，三省堂の国語辞
典『大辞林』に記された六情と呼ばれる喜怒哀楽愛悪の六つの感情，さらに，

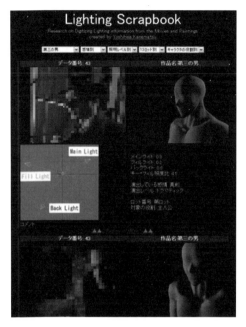

図6.2　ライティングスクラップブック

真（真剣，決意），恐（恐怖）の二つを追加した8項目とした。

　このような感情によるキャラクターのためのライティングのほかに，絵画における人物表現のためのライティング，背景表現のためのライティング，シーンの色表現のためのライティングなど，多くのデータを集めることによって，過去の制作表現知識や技術を容易に活用することができるようになる。

　照明ノウハウを収集する際には，既存作品のライティングを3D-CGで再現し，ライトの配置や明るさなどの設定を保存・アーカイブしておくことも重要である。これによって，照明設計をする際にさまざまなライティングを効率的に試すことができる。ライティングスクラップブックでは，このように蓄積したライティングのテンプレートファイルをライトセット[3]と呼んでいる。

　図6.3は，3D-CGソフトウェアであるMAYA上に実装した照明設計支援ツールのインターフェイスである。また，図6.4はこの支援ツールを用いた照明設計の手順である。この支援ツールでは，ライティングスクラップブックで収集

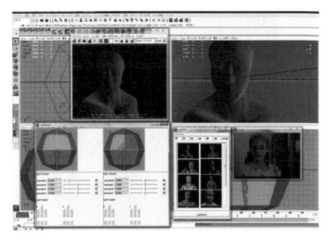

図 6.3　Maya のプラグインである照明設計支援ツール

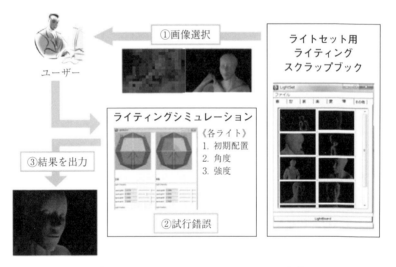

図 6.4　ライティングシミュレーションの手順

したさまざまな照明方法がサムネイルで表示される。そしてユーザーはこのサ
ムネイルをクリックすることで，対応したライトセットをキャラクターモデル
に適用できる。これによって，さまざまなライティングを試しながら，作りた
いカットに合わせた照明を検討することができる。

6.2.2　背景のためのライティング[6)]

6.2.1 項ではキャラクターに対するライティングについて述べたが，背景に対するライティングも同様にアーカイブしておくことで，効果的な照明設計に活かすことができる。そこで本項では，風景絵画で培われてきた技術・光の表現を，背景ライティングのためにアーカイブする方法と，アーカイブ結果である背景ライティングスクラップブックを紹介する。この背景ライティングスクラップブックを構築するためにつぎのことを行う。

1）　風景絵画を収集し，それぞれの絵画に描かれている「天候」「時間帯」「絵画に込められたメッセージや絵画から受ける印象」を記録する。

2）　絵に描かれている要素を，空気遠近を参考に「近景・中景・遠景」の三つに分類する。

3）　「近景・中景・遠景」それぞれを簡易的に 3D モデルで再現し，ライトの角度と強度の調整により画像の明度を再現する。

4）　「近景・中景・遠景」それぞれに施したライトの配置や明るさなどの設定を保存し，近景用ライトセット，中景用ライトセット，遠景用ライトセットを作成する。

5）　ライトセットを 1）で記録したデータと紐づけて，背景ライティングのスクラップブックを構築する。

6）　風景絵画を分析し，3D-CG を用いてライトの再現を行なう。このとき用いたライトの角度や強度等の情報を抽出し，その絵の作者の意図や目的をもとに分類を行う。

7）　「天候・時間帯」「メッセージ」から風景絵画分析データをまとめたディジタルスクラップブックを構築する。このとき絵に描かれている要素を，空気遠近を参考に「近景・中景・遠景」の三つに分類し，それぞれに個別のライト情報であるライトの角度と強度の調整により画像の明度を再現する。これを画家が絵画で表現しようとした目的・意図や絵の印象と併せてデータを登録する。これによって背景ライティングのスクラップブックを構築する。これを用いることによって，**図6.5**に示すように，制作スタッフはディレクターから

図 6.5　背景ライティングスクラップブックの出力例

指示されたライティング情報と背景モデルからシーンのライティング結果を得ることができる。

　このスクラップブックでは「メッセージ」「天候・時間帯」から背景ライティングの情報が検索できる。本スクラップブックでは絵画画像，元画像をグレースケール化した画像，そして，3D-CG 再現画像が検索結果として表示されるとともに，絵画の作品名，名前の情報とライト情報である作品名，作者名，各ライト角度，各ライト強度比，メッセージが出力される。

　図 6.6 に同一オブジェクトに対する同じ作者から抽出した複数のライティン

メッセージ:
「希望，破壊，再出発」
（a）　氷　　海

メッセージ:
「死，静寂」
（b）　ヨハン・エマヌエル・
ブレーマー追悼画

メッセージ:
「隔離，救済」
（c）　リーゼンゲビルゲ山の朝

図 6.6　背景のライティング設計シミュレーション例

グ情報を用いて，異なった印象を表現した結果を示す。このように「メッセージ」「天候・時間帯」に基づく検索やシミュレーションによって，目的に合わせた演出が可能となる。

6.3 演出のためのカメラワーク

映像コンテンツは実写であっても CG であっても，最終的に**カメラワーク**によって映像として何が見えるのかが決まる。手書きアニメーション等では実際にカメラを使うわけではないが，画としてのフレームを決定し，フレーム内の構図を考える点で，カメラワークと同等の検討が重要である。

カメラワークや**構図**を考える際には，ショットサイズやアングル，焦点距離，カメラの動き，構造的なバランス，フォーカス，使用するレンズによる違い，そしてライティングとの組合せ・関係など，検討すべき点は多岐にわたる。6.1 節で述べたように，これらの要素の組合せによる効果を検討することは，ストーリーボードのような静的な媒体では難しい。しかし，プレビズのような事前シミュレーションを行うことで，さまざまな組合せによる効果を確認し，意図通りの印象が与えられる映像になっているかを検証できる。

カメラワークや構図もライティングと同じように，たとえ同じポーズ・演技をするキャラクターを撮影したとしても，撮影するアングルやショットサイズなどを変えることで，視聴者が映像から受ける印象を大きく変えることができる。

カメラアングルとは被写体をとらえる際のカメラの角度に基づく分類である。**図 6.7**（a）のように，被写体の目線と同じくらいの高さから水平に撮影するアングルをアイレベル，または目高と呼ぶ。図（b）のようにカメラを下向きに傾けて被写体を撮影するアングルをハイアングル，または俯瞰と呼ぶ。そして，図（c）のようにカメラを上向きに傾けて被写体を撮影するアングルをローアングル，またはあおりと呼ぶ。

ショットサイズとは，おもな被写体が画面内でどれくらいのサイズで映って

 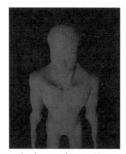 

（a）アイレベル　　　（b）ハイアングル　　　（c）ローアングル

図6.7　カメラアングルの例

いるのかを表す分類である。大きく分けると，被写体が画面内で大きく映るほうからアップショット，ミディアムショット，ロングショットの三つに分かれ，それぞれの中で被写体の大きさに応じてさらに細かく分かれる。

　アップショットとは，おおよそ人間の顔が画面に収まる程度のサイズで映すショットサイズである。**図6.8**（a）のように画面いっぱいに顔が映るようなサイズをクローズアップショットと呼ぶ。

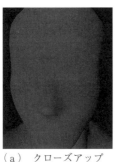  

（a）クローズアップ　　　（b）バストショット　　　（c）フルショット
　　　　ショット

図6.8　ショットサイズの例

　ミディアムショットは，人間の上半身が収まるサイズを表すショットサイズである。その中でも図（b）のように胸部から頭の上までが収まるサイズをバストショットと呼ぶ。

　ロングショットとは，画面内に人間の全身が収まるサイズで撮影するショッ

トサイズである。図（c）のように，全身がちょうど画面の縦幅いっぱいに映るようなショットサイズはフルショットと呼び，フルフィギュアと呼ばれることも多い。

カメラアングルとショットサイズの組み合わせ方は，カットで表現したい雰囲気や与えたい印象をもとに，十分に検討する必要がある。例えばキャラクター同士が戦う戦闘シーンでは，戦闘のスピード感や戦うキャラクターの緊迫感などを表現したい場合は，比較的クローズアップに近いショットサイズで撮影されたり，あおり気味のアングルが使われる場合がある。また，戦闘の規模感やキャラクター同士の位置関係の表現を重視する場合はロングショットや俯瞰寄りのアングルが使われる。

つぎに，戦闘シーンにおいて敵の攻撃を避けるカットのカメラワークを検討するために用いる，回避カットの設計支援システム（**図6.9**）について述べる[7]。

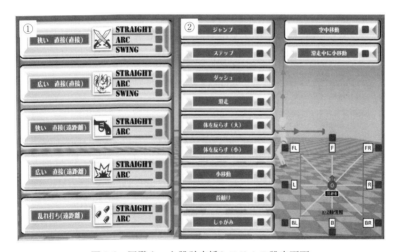

図6.9 回避カット設計支援システムの設定画面

このシステムでは，図6.9中の①のエリアで敵の攻撃方法，②のエリアで攻撃の回避方法を設定する。設定した結果は**図6.10**のように，3D空間内に配置されたキャラクターモデルに反映される。

また，攻撃の軌道やキャラクターがどのように回避するのか，3Dモデルを

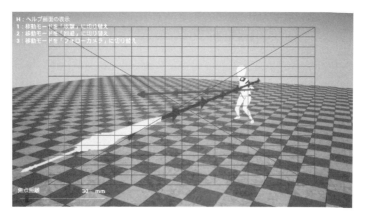

図 6.10 3D モデルによる攻撃の軌道と回避方法の表示

用いたアニメーションとして表示される。ユーザーはこの 3D 空間内でカメラを操作することで，キャラクターが攻撃を回避する様子の見え方を検討することが可能である。

　また，このシステムでも 6.2.1 項で述べたライティングスクラップブックと同様に，既存作品の戦闘シーンの分析結果を参照しながらカメラワークを検討できる機能が搭載されている。**図 6.11** に示すように，ユーザーが設定した回

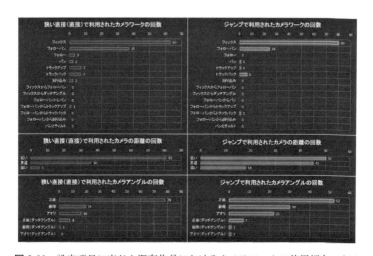

図 6.11 設定項目に応じた既存作品におけるカメラワークの使用傾向の表示

避方法や攻撃手段に応じて，既存作品ではどのようなカメラワークが使われる傾向にあるのか，分析結果を確認することができる。

演 習 問 題

〔**6.1**〕　映像コンテンツにおけるライティングを収集し，ライティングの分析をしなさい。

〔**6.2**〕　映像コンテンツにおけるカメラワークを収集し，カメラワークの分析をしなさい。

〔**6.3**〕　3章で作成したオリジナルシナリオから好きなシーンを選び，そのシーンで視聴者に印象付けたい印象や雰囲気をまとめなさい。また，効果的に表現できるライティングやカメラワークを設計しなさい。

引用・参考文献

1章

1) 金子　満：映像コンテンツの作り方 ― コンテンツ工学の基礎 ―，ボーンデジタル（2007）
2) 経済産業省商務情報政策局 監修，財団法人デジタルコンテンツ協会 編集：デジタルコンテンツ白書 2022，財団法人 デジタルコンテンツ協会（2022）
3) ディジタル映像表現編集委員会：ディジタル映像表現 ― CG によるアニメーション制作 ― ［改訂版］，CG-ARTS 協会（2016）
4) ジェイソン E スクワイヤ 編：ザ・ムービービジネスブック第 3 版，ボーンデジタル（2009）
5) 横田栄治：ビデオ制作技法，映像新聞社（1997）
6) 尾形美幸：CG ＆ゲームを仕事にする，エムディエヌコーポレーション（2013）
7) 高橋光輝ほか：アニメ学，NTT 出版（2011）
8) 津堅信之：アニメーション学入門，平凡社（2005）
9) 増田弘道：アニメビジネスがわかる，NTT 出版（2007）
10) 日経 BP 技術研究部：アニメ・ビジネスが変わる，日経 BP（1999）
11) 日経 BP 技術研究部：進化するアニメビジネス，日経 BP（2000）
12) 中央青山監査法人 編：コンテンツビジネス・ハンドブック，中央経済社（2005）
13) 公益社団法人著作権情報センター
https://www.cric.or.jp/index.html
14) 労働安全衛生法事務所衛生基準規則第 2 章第 2 条
https://elaws.e-gov.go.jp/document?lawid=347M50002000043_20220401_504M60000100029

2章

1) Digital Cinema Initiatives：Digital Cinema System Specification Ver. 1.2, Digital Cinema Initiatives, LLC, Los Angeles（2008）
2) 宇田川一彦，金子　満 監修：テレビアニメを作る，CG/CAD リサーチグループ（1990）
3) 尾形美幸：CG& ゲームを仕事にする，エムディエヌコーポレーション（2013）
4) 金子　満：メディアコンテンツの制作，財団法人 画像情報教育振興協会（1998）
5) 金子　満：映像コンテンツの作り方 ― コンテンツ工学の基礎 ―，ボーンデジタル（2007）

6) 金子　満，三上浩司，岡本直樹 ほか：3DCG 手法を利用するセルアニメタッチ映像と従来型手法の比較制作，第 16 回 NICOGRAPH 論文コンテスト論文集，芸術科学会，pp.135-142（2000）

7) 金子　満：ディジタルメディアとアニメーション，学術月報，**54**(4)，677号，pp.330-335（2001）

8) 金子　満：シナリオ作成支援および映像生成支援システム，DiVA，**8**，pp.22-28，芸術科学会（2005）

9) 金子　満：シナリオライティングの黄金則，ボーンデジタル（2008）

10) 栗原恒弥，安生健一：3DCG アニメーション ― 基礎から最先端まで，技術評論社（2003）

11) 財団法人デジタルコンテンツ協会：アニメーション制作における物流管理等に関する実態調査，平成 18 年度広域的新事業連携等補助事業（2007）

12) ディジタル映像表現編集委員会：ディジタル映像表現 ― CG によるアニメーション制作 ― ［改訂版］，CG-ARTS 協会（2016）

13) 東京工科大学 編，デジタルアニメ制作技術研究会 監修：プロフェッショナルのためのデジタルアニメマニュアル 2009 ― 工程・知識・用語 ―（2009）

14) 伴野孝司，望月信夫：世界アニメーション映画史，ぱるぷ（1986）

15) 三上浩司，安芸淳一郎，宮　徹，金子　満：アニメーション制作におけるコンピュータ活用のためのワークフローの提案と制作技術の蓄積，情報処理学会，IPSJ Journal，**49**(8)，pp.1-10（2008）

16) 山口康男：日本のアニメ全史 世界を制した日本アニメの奇跡，テン・ブックス（2004）

3 章

1) 新井　一：シナリオの技術，ダヴィッド社（1986）

2) 新井　一，原島将郎：シナリオの基礎 Q&A，ダヴィッド社（1987）

3) ニール・D・ヒックス：ハリウッド脚本術　プロになるためのワークショップ 101，フィルムアート社（2001）

4) 森　治美：ドラマ脚本の書き方，新水社（2008）

5) 金子　満：シナリオライティングの黄金則 ― コンテンツを面白くする ―，ボーンデジタル（2008）

6) 金子　満，近藤邦雄，三上浩司，渡部英雄：映像ミザンセーヌの黄金則（2012）

7) 沼田やすひろ：売れるストーリー＆キャラクタの作り方，講談社（2011）

8) 菅野太介，戀津　魁，伊藤彰教，三上浩司，近藤邦雄，金子　満：段階的シナリオ制作支援ソフトウェアの研究，第 25 回 NICOGRAPH 論文コンテスト論文集，芸術科学会（2009）

9)　高橋由樹，塚本享治：アニメーション脚本のＸＭＬ構造化とその MPEG-7 への応用に関する研究，東京工科大学大学院修士論文（2004）

10)　戀津　魁，菅野太介，有澤芳則，伊藤彰教，三上浩司，近藤邦雄，金子　満：Web ブラウザを利用したシナリオ制作ソフトウェアの構築，第 25 回 NICOGRAPH 論文コンテスト，芸術科学会（2009）

11)　戀津　魁，菅野太介，伊藤彰教，三上浩司，近藤邦雄，金子　満：映像制作のためのシナリオ記述・構造化システムの開発，第 26 回　NICOGRAPH 論文コンテスト論文集，芸術科学会（2010）

12)　戀津　魁，三上浩司，近藤邦雄：香盤表作成のための構造化シナリオを用いたシーン情報抽出手法，芸術科学会論文誌，**14**(5)，pp.229-237（2015）

13)　戀津　魁，三上浩司，竹島由里子，近藤邦雄：映像制作初期段階におけるシナリオ及び美術資料を用いた配色タイムライン生成手法の提案，芸術科学会論文誌，**19**(5)，pp.105-112（2020）

14)　楽園追放ソサイエティ：楽園追放 ─ Expelled from Paradise ─，東映アニメーション（2014）

15)　戀津　魁：力学モデルを用いたキャラクター同士の絡みの可視化，映像情報メディア学会技術報告，**45**(8)，pp.161-164（2021）

16)　宮崎　駿：天空の城ラピュタ，スタジオジブリ（1986）

17)　宮崎　駿：紅の豚，スタジオジブリ（1992）

18)　経済産業省商務情報政策局 監修，財団法人デジタルコンテンツ協会 編集：デジタルコンテンツ白書 2022，財団法人 デジタルコンテンツ協会（2022）

19)　東京工科大学 編，デジタルアニメ制作技術研究会 監修：プロフェッショナルのためのデジタルアニメマニュアル 2009 ─ 工程・知識・用語 ─（2009）

20)　三上浩司，伊藤彰教，中村太戯留，近藤邦雄，金子　満：映像コンテンツ制作のための統合化映像制作情報管理手法の研究，Visual Computing / グラフィクスと CAD 合同シンポジウム 2008 予稿集（DVD），35（6p）画像電子学会 / 情報処理学会（2008）

4 章

1)　金子　満，近藤邦雄：キャラクターメイキングの黄金則，ボーンデジタル（2010）

2)　金子　満，近藤邦雄，岡本直樹，三上浩司：創作テンプレートを用いたディジタルキャラクターメイキング手法の提案，第 8 回 NICOGRAPH 春季大会論文＆アート部門コンテスト I-4（2009）

3)　R. Motegi, Y. Kanematsu, N. Tsuruta, K. Mikami and K. Kondo：Character Making Education by Dream Process, 18th International Conference on Geometry and Graphics（2018）

4)　M. Tsuchida, et al.：Character Development Support Tool for DREAM Process, International Journal of Asia Digital Art and Design, **16**, pp.4-12（2012）

5)　金子　満：映像コンテンツの作り方 — コンテンツ工学の基礎 —，ボーンデジタル（2007）

6)　茂木龍太，松本涼一，近藤邦雄，金子　満：リテラル資料に基づくキャラクターデザイン構成手法の研究，第 23 回 NICOGRAPH 論文コンテスト論文集（2007）

7)　菅野太介，佐久間友子，金子　満：シナリオ制作を目的とした梗概構成手法の研究，第 21 回 NICOGRAPH 論文コンテスト論文集，pp.133-138（2005）

8)　ウラジミール・Я . プロップ 著，北岡誠司 訳，福田美智代 訳：昔話の形態学，白馬書房（1987）

9)　金子　満：シナリオライティングの黄金則，ボーンデジタル（2008）

10)　茂木龍太，松本諒一，岡本直樹，近藤邦雄，金子　満：キャラクターデザイン支援におけるディジタルスクラップブックの提案，日本図学会大会講演論文集，pp.89-94（2008）

11)　渡辺賢悟，伊藤和弥，近藤邦雄，宮岡伸一郎：Poisson Image Editing を用いたキャラクタコラージュシステムの開発，芸術科学会論文誌 **9**(2)，pp.58-65（2010）

12)　三上浩司，伊藤彰教 ほか：映像コンテンツ制作のための統合化映像制作情報管理手法の研究，Visual Computing, Poster 35（2008）

5 章

1)　森山聡子：表情集を利用したデフォルメ 3D キャラクターの表情制作手法の研究，東京工科大学 2010 年度卒業論文（2011）

2)　R. Motegi, Y. Yonekura, Y. Kanematsu, N. Tsuruta, K. Mikami, and K. Kondo：Facial Expression Scrapbook for Character Making Based on Shot Analysis,11th Asian Forum on Graphic Science（AFGS 2017),F14（2017）

3)　R. Motegi, Y. Kanematsu, T. Tsuchida, K. Mikami, K. Kondo：Color Scheme Scrapbook Using A Character Color Palette Template,Journal for Geometry and Graphics, **20**(1), pp.115-126（2016）

4)　R. Motegi, Y. Kanematsu, N. Tsuruta, K. Mikami and K. Kondo：Color Scheme Simulation for the Design of Character Groups, Journal for Geometry and Graphics, **21**(2), pp.253-262（2017）

5)　兼松祥央，竹本祐太，茂木龍太，鶴田直也，三上浩司，近藤邦雄：ロボットアニメーションにおけるポーズ制作支援システムの開発，画像電子学会誌，**46**(1)（2017）

6)　R. Motegi, S. Tsuji, Y. Kanematsu, K. Mikami and K. Kondo：Robot Character

Design Simulation System Using 3D Parts Models, International journal of Asia digital art and design, **21**(2), pp.81-86（2017）

6 章

1）金子　満：シナリオライティングの黄金則，ボーンデジタル（2008）
2）金子　満，近藤邦雄：キャラクターメイキングの黄金則，ボーンデジタル（2010）
3）戸谷和明，兼松祥央 ほか：3DCG 映像制作のための演出支援ライティング教材 LighToya の提案，日本図学会大会講演論文集，pp.159-164（2009）
4）兼松祥央，三上浩司，近藤邦雄，金子　満：映像分析に基づくライティング情報のディジタル化とその活用に関する研究，芸術科学会論文誌，**9**(2)，pp.66-72（2010）
5）Y. Kanematsu and M. Kaneko : Research on Digitizing Lighting information from Movies, NICOGRAPH International（2008）
6）三林　悠，兼松祥央，三上浩司，近藤邦雄，金子　満：時間帯・天候に基づく 3DCG ライティング設計用ディジタルスクラップブック，日本図学会春季大会学術講演論文集，pp.107-112（2009）
7）中釜健太，兼松祥央，鶴田直也，三上浩司，近藤邦雄：アニメーション作品における回避カットの設計支援システム，映像表現·芸術科学フォーラム（2018）

───著者略歴───

三上　浩司（みかみ　こうじ）
1995 年　慶應義塾大学環境情報学部卒業
1995 年　日商岩井株式会社勤務
1997 年　株式会社エムケイ勤務
1998 年　東京工科大学嘱託研究員（クリエイ
　　　　　ティブ・ラボプロデューサ）
2001 年　慶應義塾大学大学院政策・メディア
　　　　　研究科修士課程修了
2005 年　東京工科大学助手
2007 年　東京工科大学講師
2008 年　博士（政策・メディア）（慶應義塾大
　　　　　学）
2012 年　東京工科大学准教授
2016 年　東京工科大学教授
　　　　　現在に至る

戀津　魁（れんつ　かい）
2009 年　東京工科大学メディア学部卒業
2014 年　東京工科大学大学院バイオ・情報メ
　　　　　ディア研究科博士後期課程単位取得
　　　　　満期退学（メディアサイエンス専攻）
2014 年　理化学研究所情報基盤センターセン
　　　　　ター技師
2017 年　博士（メディアサイエンス）（東京工
　　　　　科大学）
2018 年　東京工科大学助教
　　　　　現在に至る

近藤　邦雄（こんどう　くにお）
1973 年　名古屋大学教養学部図学教室勤務
1978 年　名古屋工業大学第Ⅱ部機械工学科卒業
1988 年　工学博士（東京大学）
1988 年　東京工芸大学講師
1989 年　埼玉大学助教授
2007 年　東京工科大学教授
2014 年　Management & Science University
　　　　　（Malaysia）客員教授（継続中）
2020 年　東京工科大学名誉教授
2020 年　東邦大学客員教授,Brawijaya University
　～　　　（Indonesia）客員教授, University of
2021 年　Silesia in Katowice（Poland）客員教授
2021 年　神戸芸術工科大学客員教授,
　　　　　神奈川工科大学客員教授
　　　　　現在に至る

茂木　龍太（もてぎ　りゅうた）
2003 年　東京工芸大学芸術学部卒業
2005 年　武蔵野美術大学大学院博士前期課程
　　　　　修了（造形研究科デザイン専攻）
2007 年　武蔵野美術大学助手
2014 年　首都大学東京助教
2018 年　博士（メディアサイエンス）（東京工
　　　　　科大学）
2022 年　東海大学講師
　　　　　現在に至る

兼松　祥央（かねまつ　よしひさ）
2007 年　東京工科大学メディア学部卒業
2012 年　東京工科大学大学院バイオ・情報メ
　　　　　ディア研究科博士後期課程単位取得
　　　　　満期退学（メディアサイエンス専攻）
2014 年　首都大学東京木工室技術員
2015 年　博士（メディアサイエンス）（東京工
　　　　　科大学）
2018 年　東京工科大学助教
　　　　　現在に至る

コンテンツクリエーション（改訂版）
Contents Creation（Revised Edition）

© Mikami, Lenz, Kondo, Motegi, Kanematsu 2014, 2023

2014 年 10 月 17 日　初版第 1 刷発行
2023 年 3 月 23 日　初版第 4 刷発行（改訂版）

検印省略	著　者	三　上　浩　司
		戀　津　　　魁
		近　藤　邦　雄
		茂　木　龍　太
		兼　松　祥　央
	発 行 者	株式会社　コロナ社
		代 表 者　牛 来 真 也
	印 刷 所	萩 原 印 刷 株 式 会 社
	製 本 所	有限会社　愛千製本所

112-0011　東京都文京区千石 4-46-10
発 行 所　株式会社　コロナ社
CORONA PUBLISHING CO., LTD.
Tokyo Japan
振替 00140-8-14844・電話(03)3941-3131(代)
ホームページ https://www.coronasha.co.jp

ISBN 978-4-339-02799-0　C3355　Printed in Japan　　　　　（松岡）

音響サイエンスシリーズ

（各巻A5判，欠番は品切です）

■日本音響学会編

以下続刊

定価は本体価格＋税です。
定価は変更されることがありますのでご了承下さい。

図書目録進呈◆

マルチエージェントシリーズ

（各巻A5判）

定価は本体価格+税です。
定価は変更されることがありますのでご了承下さい。

図書目録進呈◆

自然言語処理シリーズ

（各巻A5判）

■監 修　奥村　学

定価は本体価格+税です。
定価は変更されることがありますのでご了承下さい。

‖‖‖‖‖‖‖‖‖‖‖‖‖‖‖‖‖‖‖‖‖‖‖‖‖‖‖‖‖‖‖‖‖‖‖‖‖　図書目録進呈◆

メディア学大系

（各巻A5判）

■監 修　相川清明・飯田　仁（第一期）
（五十音順）　相川清明・近藤邦雄（第二期）
　　　　　　大淵康成・柿本正憲（第三期）

定価は本体価格＋税です。
定価は変更されることがありますのでご了承下さい。

‖‖‖‖‖‖‖‖‖‖‖‖‖‖‖‖‖‖‖‖‖‖‖　図書目録進呈◆